新型职业农民培育规划教材

北方水稻规模生产经营

◎ 武英霞 李 博 主编

中国农业科学技术出版社

图书在版编目（CIP）数据

北方水稻规模生产经营／武英霞，李博主编 . —北京：中国农业
科学技术出版社，2015.8
ISBN 978 - 7 - 5116 - 2215 - 0

Ⅰ.①北… Ⅱ.①武…②李… Ⅲ.①水稻栽培 Ⅳ.①S511

中国版本图书馆 CIP 数据核字（2015）第 180180 号

责任编辑　张孝安　于建慧
责任校对　李向荣

出 版 者　中国农业科学技术出版社
　　　　　北京市中关村南大街 12 号　邮编：100081
电　　话　(010)82109194(编辑室)　　(010)82109702(发行部)
　　　　　(010)82109709(读者服务部)
传　　真　(010)82106650
网　　址　http://www.castp.cn
经 销 者　各地新华书店
印 刷 者　北京富泰印刷有限责任公司
开　　本　850mm ×1 168mm　1/32
印　　张　5
字　　数　133 千字
版　　次　2015 年 8 月第 1 版　2015 年 8 月第 1 次印刷
定　　价　20.00 元

《北方水稻规模生产经营》
编写人员

主　　编　武英霞　李　博

副 主 编　沈　军　刘明成　吴海滨

编 著 者　韩艳粉　李　肖　宋志伟

　　　　　　　王志德　王春强

编写说明

新型职业农民是现代农业生产经营的主体。开展新型职业农民教育培训，提高新型职业农民综合素质、生产技能和经营能力，加快现代农业发展，保障国家粮食安全，持续增加农民收入，建设社会主义新农村的重要举措。党中央、国务院高度重视农民教育培训工作，提出了"大力培育新型职业农民"的历史任务。实践证明，教育培训是提升农民生产经营水平，提高新型职业农民素质的最直接、最有效的途径，也是新型职业农民培育的关键环节和基础工作。

为贯彻落实中央的战略部署，提高农民教育培训质量，同时也为各地培育新型职业农民提供基础保障——高质量教材，按照"科教兴农、人才强农、新型职业农民固农"的战略要求，迫切需要大力培育一批"有文化、懂技术、会经营"的新型职业农民。为做好新型职业农民培育工作，提升教育培训质量和效果，我们组织一批国内权威专家学者共同编写一套新型职业农民培育规划教材，供各新型职业农民培育机构开展新型职业农民培训使用。

本套教材适用新型职业农民培育工作，按照培训内容分别出版生产经营型、专业技能型和专业服务型三类。定位服务培训对象、提高农民素质、强调针对性和实用性，在选题上立足现代农业发展，选择国家重点支持、通用性强、覆盖面广、培训需求大的产业、工种和岗位开发教材；在内容上针对不同类型职业农民特点和需求，突出从种到收、从生产决策到产品营销全过程所需掌握的农业生产技术和经营管理理念；在体例上打破传统学科知识体系，以"农业生产过程为导向"构建编写体系，围绕生产过程和生产环节进行编写，实现教学过程与生产过程对接；在形式上采用模块化编写，教材图文并茂，通俗易懂，利于激发农民学习兴趣，具有较强的可读性。

《北方水稻规模生产与经营》是系列规划教材之一，适用于从事现代水稻产业的生产经营型职业农民，也可供专业技能型和专业服务型职业农民选择学习。本教材根据《生产经营型职业农民培训规范（水稻生产）》要求编写，主要介绍了北方水稻生产概况、北方水稻生产计划与耕播技术、北方水稻生产苗期管理技术、北方水稻生产穗期管理技术、北方水稻生产花粒期管理技术、北方水稻收获贮藏与秸秆还田、北方水稻生产成本核算与产品销售、北方水稻生产技术等知识。鉴于我国北方地域广阔，生产条件差异大，各地在使用本教材时，应结合本地区生产实际进行适当选择和补充。

由于我们水平有限，书中难免存在疏漏和错误之处，敬请专家、同行和广大读者批评指正。

武英霞

2015 年 5 月

目　录

模块一　北方水稻生产

【学习目标】

1. 了解国内外水稻生产的概况
2. 了解和掌握水稻的生物学特性
3. 掌握水稻产量构成的因素

一、水稻生产概况

1. 国内外优质水稻生产概况

多年来，优质水稻及其生产在国内外一直非常重视，日本在进行优质水稻新品种选育方面最早于 1956 年培育出农林 100（越光），接着又培育出农林 150（屉锦），种植面积迅速在全国扩大，深受广大稻农青睐。在东南亚一带如泰国、菲律宾等积极开展优质米水稻品种选育，首先在国际市场上打开了销路，有些品种独占鳌头。直至今日，越光、屉锦等优质水稻品种连续种植了几十年，久负盛名。即使抗稻瘟病能力较差，也在采取药剂防治和产量不高的情况下种植面积仍然很大。

在国际市场上声名显赫当属泰国大米，无论外观还是食味都在人们食味需求中占了上风；就连我国优质米基地东北的中心大城市沈阳的商业城也摆放销售着泰国香米。

2. 中国北方优质水稻生产概况

在中国历史上天津小站的大米久负盛名，此外，还有山西太原晋祠米、陕西黑米等被称为御贡米，近现代有辽宁省桓仁的京租米等，深受人们喜爱。

近几年来，北方稻区优质稻米生产发展迅速，黑龙江、吉林、辽宁、内蒙古、山东、河北、河南、宁夏、陕西、山西、甘肃、新疆、北京、天津、安徽、江苏等省（自治区、直辖市）不断培育出优质水稻新品种、特种水稻新品种，并不断投向市场，满足人们对优质稻米和各种特种稻米及其深加工（如糕点、酒类、复配品）等的需求。

3. 北方优质水稻生产发展现状

农业部于 1990 举办了首次全国优质米评选活动，评出了一批名优大米，成为推动各地优质米生产的契机。为了指导优质米生产发展，农业部于 1990 年提出绿色食品的名称、标准和标志，并于 1990—1992 年相应制定出绿色食品标准、产品质量检测及相关管理法规等。使有关行政与生产管理部门有所遵循。这些主要标准文件包括《中华人民共和国国家农药安全使用标准》（GB 4285—1989），《农药合理使用准则》（GB 8321—2000）等，分别规定了优质水稻种植生态环境污染标准浓度限制的具体标准、灌溉水质标准值、土壤临界容量、稻谷产品杀菌剂常用药安全技术指标、杀虫剂常用药安全技术指标，除草剂常用安全技术指标，稻谷内残留量限值等。

北方稻区优质水稻生产面积逐年扩大，发展迅速。在东北、华北和西北 15 个省（自治区、直辖市）建立优质稻米生产基地，一些农业大专院校、农业科研院所、农业技能推广部门以及私营者建立了优质米生产、加工、销售一体化的米业责任有限公司，已经形成优质米产业化局面。

4. 开发优质水稻生产的意义

在中国加入 WTO 之后，对优质米生产的发展面临着激烈竞争和严重挑战，世界大米市场越来越拓宽，米质成核心问题；随着经济全球化，现代化工业高度发展，现代化农业生产对高新技术应用领域的不断开拓，水利化、化学化、机械化、电气化程度不断提高。一方面使作物产量有更大提高；另一方面也增加了污染源，从大气、土壤、水质、整个生物圈，生态环境遭受严重污染，给人类带来严重威胁和影响。

随着人们生活水平显著提高，在膳食结构上有了很大的改变，而且也更加讲究生活质量，围绕人类身心健康为主题，严格限制污染源和治理环境污染，把危害减少到最低程度。

通过开展绿色革命，减轻环境污染，进行水稻无公害栽培，实施有机农业，生产出无残留或无毒含量的优质水稻，为人类提供有益身体健康的优质米有重大现实意义。

5. 我国北方开发优质水稻生产的有利因素

（1）**优越的生产生态条件**　我国北方稻区是以一季粳稻生产为主的寒温稻作区，粳稻比籼稻在米质方面具有生物学优良的特性。在国内外市场消费领域，人们对粳米的需求量远大于籼米。因为北方生态区的气候特点，秋季在水稻生育后期光照充足，昼夜温差大，水稻灌浆平稳而缓慢，有利于养分积累，粳米所含直链淀粉一般均在 20% 以下，而籼稻直链淀粉含量却在 20% 以上。从稻谷灌浆速率看，南方灌浆速度大于北方灌浆速度；稻米质地结构，南方较疏松，北方较紧密。

（2）**北方优质水稻品种资源十分丰富**　从中国农业科学院作物科学研究所到各省（自治区、直辖市）农业科学院（所）、农业大专院校都拥有很多优质水稻品种资源，可以为选育优质水稻提供更多的实验材料。其中，有从国外引进的，有从全国各地收集来的，也有通过选育实践储备起来的。在这些优质米品种资源中，选择优良性状的材料，通过人工杂交选育的方法，可选出各种性状优良的水稻品种，例如，不同生育期的类型、不同株型的类型（偏高、中等、偏矮、松散、半松散和紧凑型）、不同穗部性状的类型（弯穗、半弯穗和直立穗）以及不同产量结构性状的类型（穗数型、穗重型和穗粒兼顾型）等。

（3）**优质米市场前景广阔**　随着人们生活水平的不断提高，对食用米品质的选择要求越来越高，国内外大米市场对名、优、特大米的需求量也越来越大，特别是近些年来，国内各优质米市场更加活跃，甚至有的优质米品种出现供不应求现象，其中，以泰国大米成为畅销品，我国北方优质米已经打入南方和国外市场。

（4）优质米生产已形成产业化　优质水稻生产基地建设和优质米营销企业组织已形成了规模，而且优质米水稻生产及其产业化呈现出崭新形式。

我国对优质米水稻生产发展非常重视，科技部和农业部把优质米水稻育种列为国家攻关课题和跨越计划，各省、直辖市、自治区不仅把优质水稻育种列为攻关重点项目，而且都在积极加强优质米生产基地建设，建立了企业化管理体系，有些地区已形成了产业化，有些地区正在筹措之中。这些都为优质水稻生产大力发展提供了组织保证。特别是广大农村水稻生产大户十分重视以优质米作为龙头产品加以开发。

二、北方水稻的生物学基础

水稻原产亚洲热带，属禾本科稻属，有 20 个野生种，只有 2 个栽培种。栽培稻，尽管它产于热带，收割后又能从节上再长出新的分蘖，通常都把它看做是半水生一年生草本植物。成熟时，稻植株有主茎和若干分蘖，每一有效分蘖顶端有一稻穗。株高因品种和环境条件不同而异，矮的大约 40 厘米，最高的深水稻达 5 米以上。水稻从形态学分两个阶段，营养生长阶段（包括萌发期、秧苗期和分蘖期）和生殖生长阶段（包括幼穗分化期和抽穗期）。

1. 种子

稻谷通常称种子，由糙米（植物学上称果实或颖果）和包裹着糙米的颖壳组成。糙米主要包括胚和胚乳两部分，胚和胚乳外又有数层分化组织包围着。籼稻的谷壳由内外颖和小穗轴组成，

而粳稻谷壳通常还包括发育不全的颖片以及可能带有部分枝梗。

水稻千粒重 18～34 克。粒长、粒重和粒厚在品种间差异很大，壳重平均占粒重的 20% 左右。

2. 秧苗

种子的休眠一旦打破，吸取足够的水分，在 10～40℃ 的温度下，就开始发芽和长成秧苗。生理学上通常把胚根和胚芽鞘突破种皮定义为发芽。在通气的条件下，萌动的根首先从胚的胚根鞘伸出，胚芽鞘也随之露出。然而，在嫌气的条件下，胚芽首先伸出，当胚芽鞘长到环境中通气的地方根随即生长。假如谷种处在黑暗里萌发生长，如播在土下面，短茎（中胚轴）会伸长生长，芽鞘顶到土壤的表面，当芽鞘现出后就裂开，初生叶长出。

3. 稻株分蘖

水稻的每一茎秆都由一系列的节和节间组成，节间长度依品种与环境条件不同而异，但一般越上部的节间越长。每一上部节都长有一个叶片和一个芽，芽可能长出分蘖，节数目有 13～16 个，仅上部 4～5 节有节间。某些深水稻品种，当水面迅速提高时底部节间会伸长 30 厘米以上。

叶片由叶鞘环抱在节上，叶片和叶鞘连接处着生一对爪状的叶耳，粗糙的茸毛覆盖着叶耳表面，紧挨叶耳上面是一直立薄片呈膜状的叶舌。

分蘖期从秧苗能自养就开始，一般结束于幼穗分化。通常在秧苗长出 5 片叶时出现第一个分蘖。开始，第一分蘖从主茎和稻苗基部第二叶片之间生出；之后，当第六叶出现时，第二个分蘖就从主茎和第三叶片基部长出。

从主茎生长出来的分蘖叫第一次分蘖，第一次分蘖上长出的是第二次分蘖，依次还有第三次分蘖。这些分蘖以同一周期方式产生。尽管这些分蘖都在同一稻株上，但到生长后期都可相互独立，因为各自都长有根。不同亚品种分蘖力有异，各种环境因素，如种植密度、光线、营养供应及栽培管理措施对分蘖都有影响。

三、北方水稻产量构成与产量形成

1. 水稻产量物质来源

光合作用是水稻产量形成的原动力，光合产物是水稻产量的物质基础。研究表明，作物产量的90%以上来自光合产物，从土壤中吸收的养分积累只构成产量的5% ~ 10%。在产量不太高的情况下，水稻产量来自抽穗前的光合产物占30%左右，约占70%的来自抽穗后的1个多月中所形成的光合产物，而在高产的情况下，水稻产量的90%左右来自抽穗后的光合产物，产量越高，抽穗后光合作用积累的产物对产量贡献越大。水稻产量的90%是叶片制造的。水稻成熟期各叶位的光合效率也不同，且各叶位的分工也不同，稻株下部叶片的光合产物主要运往根部，尤其是倒4叶，对水稻后期根系活力的影响非常显著，上部倒1 ~ 3叶的光合产物主要运往穗部。

2. 水稻产量的构成因素

水稻的稻谷产量是由单位面积上的穗数、每穗粒数、结实率和粒重4个因素构成。

稻谷产量（千克）＝单位面积穗数（万）×每穗粒数×结实率（%）×粒重（克）

这四个因素相互联系、相互制约和相互补偿。实践证明，任何品种，都以单位面积穗数和每穗总粒数的负相关最明显，即单位面积穗数愈多，每穗着粒数就愈少，每穗总粒数与结实率的负相关次之，而千粒重受其他因素制约的程度最小。当然，在不利于籽粒充实时的高温、低温、少日照、多阴雨的年份，也可导致千粒重明显下降而引起大减产，或者抽穗、扬花、灌浆时遇上阳光充足、昼夜温差较大、栽培条件良好，也会使千粒重明显增加。

穗数是4个因素中形成较早的因素，是其他3个因素的基础，与产量的关系密切。一般来说，在单位面积上穗数较少时，产量随着穗数的增加而提高，当穗数增加到一定范围，产量达到最高水平时，再增加穗数，产量反而有下降的趋势。单位面积上有效穗数由基本苗（株）和每株成穗数两个因素构成。基本苗（株），主茎栽入大田能成穗，3叶大穗栽入大田后100%和主茎一样成穗，2叶以下的小蘖只有成活的才能成穗（成活率为）10% ~ 15%；单株成穗数，指移栽后单株分蘖位的分蘖发生率以及发生分蘖的分蘖成穗率。水稻分蘖成穗率差异较大，少的只有50%左右，高的超过80%。成穗率高，有利于经济利用土壤养分和空间，改善群体通风透光条件，减少病虫威胁。分蘖盛期前后的各种环境因素和栽培措施，对穗数的影响最大。

每穗粒数（颖花）是由颖花分化数和退化数之差决定的。稻穗的分化颖花数与秧苗的壮弱、茎秆充实的程度紧密相关，因而在幼穗分化前的整个营养生长状况对每穗颖花数都有影响。每穗颖花数的增殖是在苞分化期和颖花分化期（倒4叶至倒2叶），颖花退化盛期是花粉母细胞形成至花粉粒完成期（倒2叶至孕穗）。要促进颖花数增加，就必须在苞分化到颖花分化期创造良好的环境条件和提供充足的氮素营养；要减少颖花的退化，则应在减数分裂期前后创造适宜的生育环境。

结实率是指总颖花数与饱谷粒数的比例，常用百分率（%）表示。从抽穗开始分化至胚乳增长大体完成的整个生殖生长期对结实率都有影响，影响最大的是花粉发育期（主要是减数分裂后期至小孢子形成初期）、开花期和灌浆盛期。在前两个时期，如果遇到不良气候条件或是栽培管理不当，会导致雄性不育或使开花受精不良影响而形成空粒；在后一个时期，如果稻株营养不良或遇不良环境条件，则易导致灌浆不良而形成秕粒。

稻谷的粒重是由谷壳的体积、胚乳发育的好坏这两个因素决定的。粒重的形成，取决于籽粒充实过程中光合产物的多少和可能转移到经济产量中的程度。抽穗前贮备一定的物质积累，抽穗后进一步加强光合作用，提高净光合生产力，促进碳水化合物向谷物运输，对提高粒重有很大作用。

【思考与练习】

1. 在北方开发优质水稻生产的有利因素表现在哪些方面？
2. 水稻营养生长阶段的生物学特征有哪些？
3. 水稻产量的构成因素有哪些？

模块二 北方水稻生产计划与耕播技术

【学习目标】

1. 了解北方水稻生产的区域划分及各区域品种分布
2. 掌握水稻生产中种子处理的关键技术和播种的注意事项
3. 掌握水稻生产中对肥料的需求规律及施肥方式
4. 掌握水稻生产中对水分的需求规律及合理灌溉的措施

一、我国北方水稻区域生态与种植模式

水稻虽起源与长江以南，但自有史以来，已传至黄河流域，新石器时代北方就有水稻种植。当时水稻栽培已由黄河流域逐渐向东北扩展。东北地区包括黑龙江、吉林、辽宁省和内蒙古自治区东北部的赤峰市、通辽市、兴安盟和呼伦贝尔市。北起黑龙江南抵辽东半岛，东至乌苏里江，西至内蒙古，横跨19.7个经度，地区面积约145万平方千米，约占全国总面积的13%，地域辽阔，自然资源丰富。土壤有机质含量高。黑土层深厚肥沃，规模化生产便利。东北地区属温带季风气候，大陆性较强，雨热同步，日照充足，昼夜温差较大，这种独特的气候，土壤条件造就了稻米的高产优质。经过多年的发展，东北稻区已成为世界最大的以种植早、中熟粳稻生产区。在北方粳型优质水稻区划为以下三区。

1. 东北平原半湿润—熟单季早粳优质水稻区

该区又可划分为3个亚区：北部黑龙江松嫩三江平原优质水稻亚区；中部吉林松辽平原优质水稻亚区；南部辽宁辽河及东南

沿海平原优质水稻亚区。

2. 华北平原半湿润一年两熟单季中粳、中籼优质水稻区

该区又可划分为 3 个亚区：华北北部平原一熟单季中粳优质水稻亚区；华北中部平原、丘陵一熟单季中籼、中粳优质水稻亚区；华北南部平原一年两熟早、晚茬中粳优质水稻亚区。

3. 西北高原盆地干旱一熟单季早粳优质水稻区

该区又可划分为 2 个亚区：新疆盆地一熟单季早粳优质水稻亚区；甘宁陕晋蒙高原一熟单季早粳优质水稻亚区。

二、北方水稻优势区域布局规划

1. 东北平原优质水稻区

东北平原是我国最大的平原区，地处北纬 39°N～56°36′N 范围。南部为辽宁省东南沿海，以鸭绿江、黄海与朝鲜接壤，向北由沿海平原、中部辽河平原与辽河三角洲三大平原构成东北南部平原优质稻区；中部为吉林省以松辽平原为主，由吉中、吉东与吉西三大平原构成东北中部平原优质稻区；北部至北纬 48°的黑龙江省，由松嫩平原和黑龙江、乌苏里江（与俄罗斯毗邻）、松花江构成三江平原，成为世界上三大肥沃黑土地区之一。

黑、吉、辽三省水稻面积已经发展到 533 多万公顷。其中，黑龙江达 400 万公顷，吉林与辽宁各 66.7 万公顷，是国家商品粮基地和北方优质水稻主产区。从气候状况看，全区大部分地区海拔在 200 米以下，北南距离超过 800 千米。东西宽约 400 千米。太阳总辐射量 1 923～2 884 兆焦/米^2，黑龙江境内≥10℃活动积温 2 100～2 900℃，生育期 120～148 天，日照时数 1 100～1 300 小时，降水量 250～700 毫米；吉林境内≥10℃活动积温 2 000～3 100℃，生育期 120～160 天，日照时数 1 210～1 590 小时，生长季降水量 350～700 毫米，辽宁境内≥10℃活动积温 2 900～3 500℃，生育期 150～180 天，日照时数 1 300～1 500 小时，年

降水量 400～1 200 毫米。在品种种植上，由北向南不同熟期的品种有极早熟（生育期 120 天以下）、早熟（生育期 135 天以下）、中早熟（生育期 145 天以下）、中熟（生育期 155 天以下）、中晚熟（生育期 165 天以下）、晚熟（生育期 165 天以上）等六个类型。

2. 华北平原优质水稻区

华北平原位于长城以南，秦岭、淮河以北，黄土高原以东，黄海和渤海以西，包括北京、天津、山东的全部，河北中部、南部，陕西关中，山西南部，河南北部、中部，安徽、江苏北部，以黄淮海平原为主体，是我国的第二大平原，大部分地区海拔 50 米以下，全生育期 ≥10℃ 活动积温 2 800～3 500℃，年降水量 400～700 毫米，太阳总辐射量 2 424～3 093 兆焦/米²，日照时数 980～1 400 小时，为暖温带半湿润大陆性季风气候，共有水田 106 万公顷。其中，华北北部平原中粳亚区，早茬水稻灌浆结实期平均温度 20.4～26.0℃，平均太阳总辐射量 15.90～17.34 兆焦/米²，平均相对湿度 73%～80%。

华北中部平原丘陵中籼中粳亚区，早茬水稻灌浆结实期平均温度 23.1～26.3℃，平均日太阳总辐射量 15.15～19.98 兆焦/米²，平均相对湿度 70%～83%；晚茬水稻灌浆结实期平均温度 21.5～24.6℃，平均日太阳总辐射量 14.48～19.02 兆焦/米²，平均相对湿度 70%～81%。

华北南部平原早晚茬中粳优质水稻亚区，全生育期 ≥10℃ 活动积温 3 300～3 500℃，年降水量 500～700 毫米，太阳总辐射量 2 424～2 675 兆焦/米²，日照时数 980～1 200 小时，早茬水稻灌浆结实期平均温度 26.1～27.3℃，平均日太阳总辐射量 15.85～17.44 兆焦/米²，平均相对湿度 76%～85%。晚茬水稻灌浆结实期平均温度 24.6～25.9℃，平均日太阳总辐射量 15.06～16.17 兆焦/米²，平均相对湿度 75%～83%。由此看来，早茬稻温度高而偏差小，不利于优质水稻灌浆结实与优质稻谷充分形成。

3. 西北高原盆地早粳优质水稻区

西北地区仅次于东北地区的高纬度，位于我国北部和西北部。由西向东包括新疆、甘肃、宁夏、陕西、山西、内蒙古、河北北部及辽宁西北部，全区大部分海拔1 000~2 000米，共有水稻34.7万公顷。东部属温带—暖温带半湿润—半干旱大陆性季风气候，西部属温带大陆性荒漠气候，是我国最干旱的地区，干燥少雨，蒸发量大，相对湿度小，而光照、热量资源丰富，温差大，日照充足。水稻全生育期≥10℃活动积温2 000~3 500℃，年降水量25~500毫米，太阳总辐射量2 090~3 093兆焦/米^2，日照时数980~1 400小时。

西北地区东西跨度大，气候差异明显，结合当地水稻生产特点，现分两个亚区简述。

一是新疆盆地早粳优质水稻亚区，水稻一年一熟，共有水稻面积8.67万公顷，品种有极早熟、早熟、中熟、晚熟等不同熟期。气候生态条件：水稻结实期平均温度20.6~26.0℃，平均日太阳总辐射量18.75~21.81兆焦/米^2，相对相对湿度35%~57%。结实期平均温度有利于优质水稻种植。二是甘肃、宁夏、陕西、山西、内蒙古高原早粳优质水稻亚区。从河西走廊南部黄土高原和北部内蒙古高原，该区地势地形变化大，气候偏干偏冷；其中，辽宁、陕西、山西气候生态条件综合评价适于优质水稻种植。水稻生育期≥10℃，活动积温2 000~3 500℃，年降水量200~500毫米，太阳总辐射量2 090~3 093兆焦/米^2，日照时数980~1 400小时，结实期日平均温度20.0~23.7℃，平均日太阳总辐射量16.97~20.45兆焦/米^2，相对湿度64%~81%。宁夏的引黄自流灌区，堪称西北高原优质水稻生产基地。全区水稻一年一熟，以连作为主，共有水稻面积26.7万公顷，占西北地区水稻面积的75.5%。

三、北方水稻生产品种选择

选择优质品种是优质水稻生产的首要措施。优质品种的共同特征是：种子纯度、发芽率、净度、水分指标必须达到国家标准；农艺性状稳定，生产整齐一致；稻米品质优良，能符合市场需求；高产稳产，抗逆性较强；适应性广，能在较大区域范围内推广应用。

在具体选择品种时应考虑以下几点：应是通过品种审定定名（或认定），并适宜在本地区种植的品种；根据具体生产中的个性化目标，突出解决水稻高产高效生产中存在的关键问题进行选择，总的要求是做到高产、优质、多抗性 3 个方面相互协调；要与作物茬口相配套，并考虑具体种植方式进行品种选择。前茬作物成熟早或采用育苗移栽方式种植水稻的，可选育生育期略长的品种；若前茬作物成熟迟或是采用直播方式种植水稻的，则应选育生育期较短的品种。

北方水稻生产品种选择适应当地生长，在有效生育期不贪青，能全部成熟的中晚熟品种；选择米粒透明有光泽，垩白粒率低，米粒整齐碎米少，食味适口性好，市场畅销的三级以上优质米品种；选择株高 90～110 厘米，分蘖率高，秆强不倒，抗病性强，不早衰，活秆成熟，大穗型且适合本地区种植的优质高产品种。

四、北方水稻生产的种子处理技术

1. 水稻种子的国家标准

依据国家标准 GB 4401.1—1996 的规定：

（1）常规稻种子　分原种和良种两个等级。

原种的纯度不低于 99.9%；净度不低于 98.0%；发芽率不低

于85%；水分分籼稻和粳稻，籼稻水分不高于13%，粳稻水分不高于14.5%。

良种的纯度不低于98.0%；净度不低于98.0%；发芽率不低于85%；水分分籼稻和粳稻，籼稻水分不高于13%，粳稻水分不高于14.5%。

（2）杂交稻种子　分一级种和二级种两个等级。

一级种的纯度不低于98.0%，净度不低于98.0%；发芽率不低于80%；水分不高于13%。

二级种的纯度不低于96.0%；净度不低于98.0%；发芽率不低于80%；水分不高于13%。

2. 水稻种子的发芽试验

由于种子在穗上着生的部位、收获时期、收获的方法、贮藏条件等因素的影响，其生活力往往有很大的差异，为确保播后全苗，在播种前必须测定发芽率和发芽势。通过测定的发芽率，可知道种子有多少能发芽，以决定其能否做种子和播种多少；通过测定的发芽势，可知道种子发芽的快慢和整齐度，这在实际生产中都具有积极意义。

简易的试验方法：在盘子、碗等器皿里铺上滤纸或吸水纸、砂子、纱布等，用水湿润。从种子堆的上、中、下层，以及里层、外层随机取样，充分混匀后取3份各100粒种子，分别放入上述器皿中，然后将温度在25~35℃的环境条件下催芽，有条件的可放用恒温箱，不具备恒温箱条件的可放在暖室处。

发芽率（%）＝（全部发芽的种子数÷供试种子数）×100

发芽势（%）＝（在规定天数内发芽的种子数÷供试种子数）×100

在30℃左右的温度下，一般是3~4天计算发芽势，6~7天计算发芽率。

3. 水稻的播前准备

为提高种子的发芽率，减少种子带菌，促进苗齐苗壮，需要

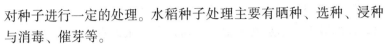

对种子进行一定的处理。水稻种子处理主要有晒种、选种、浸种与消毒、催芽等。

（1）晒种 晒种能使种子干燥一致，消除籽粒间含水量的差异，浸种后吸水均匀，催芽时发芽整齐。晒种能促进种子后熟并提高酶的活性，增加种皮的透性，增强吸水性，从而提高种子的发芽率和发芽势。再次，晒种还有一定的杀菌作用。晒种的方法，一般是将种子薄薄地摊开在晒垫上或水泥地上，晒1～2天即可，要薄摊勤翻，防止谷壳破裂。

（2）选种 通过种子精选的环节可以剔除混在种子中的草籽、杂质和病粒等，提高种子质量。一般用盐水溶液和硫酸铵溶液选种。采用传统盐水法选种时，水溶比重为1.06～1.10（即可用新鲜鸡蛋放入盐水中，浮出水面面积为2分硬币大小即可）。盐水选种后要用清水淘洗种子，清除谷壳外盐分，以防影响发芽，洗后晒干备用或直接浸种。

杂交稻种子通常采用风选法选种。选种前先将种子晒1～2天，再用低风量扬去空秕粒，确保种子均匀饱满。

（3）浸种 精选后的种子，播种前要浸种。这是因为种子从休眠状态转向萌芽状态，需要足够的水分、适当的温度和充足的空气，而吸足水分是种子萌动的第一步。一般种子吸水达到种子自重的25%时，缓慢萌发但不整齐，只有吸水达到自重的40%（达饱和吸水量）时，才能顺利发芽。吸足水分的外部特征是：谷壳透明，米粒腹白可见，胚部膨大突起，胚乳变软、手碾成粉，米粒容易折断而无响声。浸种水温高（<35℃）稻种的水快，水温低的水慢。为保证稻种吸足水分，一般籼稻需浸足积温60℃·日，粳稻需浸足80℃·日。

浸种时间的长短因气温高低而定，浸种时间越长，吸水越多，温度越高，吸水越快。从浸种对水稻种子发芽率影响的角度分析：当浸种温度20℃时，浸种2～3天时种子的发芽率最高；浸种温度20～25℃时，浸种1～2天时种子的发芽率最高；当浸种温度达到25℃以上时，浸种1天时的种子发芽率最高。不同品种之间的吸水速率及其正常发芽对水分要求均存在较大的差异，即便是同一时间（即气温条件相同条件）浸种，也应根据具体的品种掌握好浸种的时间。此外，还应注意浸种时要使种子充分浸入到水中，使种子吸水充足均匀；浸种前和浸种过程中必须洗净种子，及时更换清水，最好将稻种装入麻袋等容器内，直接放在流动的水中浸种，从而使种子吸入新鲜水分。籼粳稻种的饱和吸水量为风干种子的30%和36%。

生产上一般在浸种进行的同时，和消毒结合进行，在浸种时加入适宜的药剂进行种子消毒，可以杀死附在种子表面和颖壳与种皮之间的病原菌，方法简便易行，容易操作，能起到很好防病治病效果。水稻上出现以稻带菌为主的病害有恶苗病、稻瘟病、稻曲病、白叶枯病，此外，还有苗期灰飞虱传播的条纹叶枯病等，这些都可用药剂浸种的方法来防治。例如，浸种时选用"使百克"或"施保克"1支2毫升加"吡虫啉"10克对水6~7千克浸种5千克稻种，能够起到防控多种病害的作用。

在进行药剂浸种，浸种时间及方法应依据药剂的使用说明。通常情况下，从浸种的药效考虑，在20~30℃时浸种时间不宜超过48小时，且药剂浸种后应用清水淘洗（特殊要求的除外），将种子平摊，厚度在5厘米以下，让其自行破胸露白，切忌直接将种子堆放于编织袋中，以免口袋中间部分种子因呼吸作用出现高温烧芽。

（4）催芽 水稻稻种催芽就是根据种子发芽过程中对温度、水分和氧气的要求，利用人为措施，创造良好的发芽条件，将种子催成粉嘴谷（即谷种刚露白）或芽谷。催芽可以防止因田间发芽时水分不足及不良气候造成的烂种烂芽现象，提高成秧率。大多数的育秧方式都需要在播种前对种子进行催芽。在气温较高下播种的多不催芽。催芽的主要技术要求是"快、齐、匀、壮"。"快"是指两天内催好芽；"齐"是指要求发芽势达85%以上；

"匀"是指芽长整齐一致；"壮"是指幼芽粗壮，根、芽长比例适当，颜色鲜白，气味清香，无酒味。根据种子生长萌发的主要过程和特点，催芽可以分为高温破胸、适温长芽和摊晾炼芽3个阶段。

①高温破胸。稻谷种胚突破谷壳露出，称为破胸。种子吸足水分后，适宜的温度是破胸快而整齐的主要条件，在38℃的温度上限内，温度愈高，种子的生理活动愈旺盛，破胸也愈迅速而整齐；反之，则破胸愈慢，且不整齐。一般上堆后的稻谷在自身温度上升后要掌握谷堆上下内外温度一致，必要时进行翻拌，使稻种间受热均匀，促进破胸整齐迅速。

②适温长芽。自稻种破胸至幼芽生长达到播种的要求时为催芽阶段。不同播种和育秧方式对幼芽的要求不同；例如，双膜手播育秧催芽标准是根长达稻谷的1/3，芽长为稻谷长度的1/5～1/4；机械水直播催芽标准是根长达稻谷的1/2，芽长为稻谷长度的1/3；旱育秧催芽到90%种子破胸露白；湿润育秧芽长不宜超过粒谷的1/2，"湿长芽，干长根"，控制根芽长度主要是通过调节稻谷水分来实现，同时要及时调节谷堆温度，使催芽阶段的温度保持在25～30℃，以保证根、芽协调生长，根芽粗壮。

③摊晾炼芽。为了增强芽谷播种后对外界环境的适应能力，提高播种均匀度，催芽后还应摊晾炼芽。一般在谷芽催好后，置室内摊晾4～6小时，且种子水分适宜不黏手即可播种。

五、北方水稻生产肥料安排与基肥施用

1. 水稻的需肥规律

水稻在正常生长发育过程中需要吸收多种必需的营养元素。在这些营养元素中，水稻对其需求量较大而且通常必须通过施肥来补充的主要是氮、磷、钾三要素。氮素是植物体内蛋白质的成分，也是叶绿素的主要成分，充足的氮素有利于水稻的生长发育。磷素的主要作用是促进根系发育和养分吸收，增强水稻分蘖势，增加淀粉合成，有利于籽粒充实。钾素的主要作用是促进淀粉、纤维素的合成和其植株体内的运输，较充足的钾素有利于提高根系活力、延缓叶片衰老，同时能增强水稻的抗逆能力。除上述三要素外，水稻对硅的要求强烈，吸硅量约为氮磷钾吸收量总和的两倍，硅进入稻株体内有利于控制蒸腾，还可以促进表层细胞硅质化，增强作物茎秆的机械强度，提高抗倒伏、抗病能力。除此以外，中量元素钙、镁、硫等，均具有增强稻株抗逆性，改善植株抗病能力，促进水稻生长的作用；微量元素如锌、硼等，能改善水稻根部氧的供应，增强稻株的抗逆性，提高植株的抗病能力，促进后期根系发育，延长叶片功能期，防止早衰，有利于提高水稻的成穗率，促进穗大粒多粒重，从而增加产量。水稻生长发育所需的营养元素，主要依赖其根系从土壤中吸收。各种元素有着特殊的功能，不能相互代替，但它们在水稻体内的作用并非孤立，而且提高有机物的形成与转化得到相互联系。

一般来说，每日生产100千克稻谷，需从土壤中吸收氮（N）1.6～2.5千克、磷（P_2O_5）0.6～1.3千克、钾（K_2O）1.4～3.8千克，氮、磷、钾的比例为1：0.5：1.3，随着栽培地区、品种类型、土壤肥力、施肥和产量水平等不同，水稻对氮、磷、钾的吸收量会发生一些变化。通常杂交稻对钾的需求高于常规稻10%左右，粳稻较籼稻需氮量多而需钾量少。

水稻在不同的生育阶段对营养元素的吸收是不同的。一般规律是，返青分蘖期，由于此期苗小，稻株光合面积小，干物质积累较少，因而养分吸收数量较少。这一时期氮的吸收量占全生育期吸氮量的30%左右，磷的吸收率为16%～18%，钾的吸收率为20%左右。水稻一生中吸收养分数量最多和强度最大的时期在拔节孕穗期，此时吸收氮、磷、钾等养分占水稻全生育期养分吸收总量的50%左右，水稻叶面积逐渐增大，干物质积累相应增多。在灌浆结实期，由于根系吸收能力减弱，养分需求量减少，进而

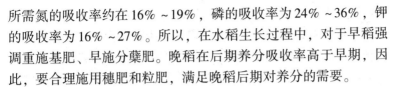
所需氮的吸收率约在16%～19%，磷的吸收率为24%～36%，钾的吸收率为16%～27%。所以，在水稻生长过程中，对于早稻强调重施基肥、早施分蘖肥。晚稻在后期养分吸收率高于早期，因此，要合理施用穗肥和粒肥，满足晚稻后期对养分的需要。

2. 水稻的施肥原则

在当前的水稻生产中，对合理施用化肥，增施有机肥料、以地养地、培肥土壤及防止地力衰退的认识不足，普遍存在着重化肥轻有机肥，重眼前短期利益忽视可持续效益的现象，使土壤结构和循环系统遭到不同程度的破坏，有机质含量逐年降低，氮、磷、钾等养分丰缺失衡，耕地质量下降，严重威胁到稻田的可持续发展。因此，增施有机肥和在保证水稻正常生长的前提下尽可能地减少化学肥料的施用是优质水稻生产的一个施肥原则。稻田增施有机肥对于稻田的综合肥力，优化稻田环境，提高产量和改善稻米品质都有十分重要的作用。

水稻生产中常用的有机肥来源主要有堆肥、沤肥、厩肥、绿肥、作物秸秆、饼肥和商品肥料。堆肥是以各类秸秆、落叶等主要原料并入人畜粪便和少量泥土混合堆制，经好气性微生物分解而成的一类有机肥料。沤肥是在淹水条件下经微生物嫌气发酵而成的一类有机肥料，所有物料与堆肥基本相同。厩肥是以猪、羊、鸡、鸭等畜禽的粪尿为主，与秸秆等垫料堆积并翻压、异地施用或轻沤、堆积后而成的肥料。作物秸秆是以麦秸、稻秸等直接还田。饼肥是以各种油分较多的种子经压榨去油后的残渣制成的肥料。商品肥料包括商品有机肥、腐殖酸类肥和有机复合肥等。

3. 平衡配方施肥

平衡配方施肥是以土壤测试和肥料田间试验为基础，根据水稻需肥规律、土壤供肥性能与肥料利用效率，在合理施用有机肥的基础上，提出氮、磷、钾三要素及中、微量元素等肥料的适宜用量、施用时期以及相应的施肥方法。它的核心是调节和解决水稻需肥与土壤供肥之间的矛盾，同时有针对性的补充水稻所需的营养元素，做到缺什么补什么，需要多少补多少。实现各种养分平衡供应，满足作物的需要。平衡配方施肥是水稻栽培由传统的经验施肥走向科学定量化施肥的一个重要突破，能有效提高肥料利用率和减少用量，提高作物产量，改善稻谷品质，节省劳力，节支增收。

优质水稻生产上的平衡配方施肥，要求以土定产，以产定肥、因缺补缺，做到有机无机相结合，氮、磷、钾、微肥各种营养元素配合，不同生育时期的养分能协调和平衡供应，养分供应应以在满足水稻优质高产需求的同时，最大限度地减少浪费和环境污染为原则。

平衡配方施肥的基本方法主要是测土和配方。测土是平衡施肥的基础，是通过在田间采取代表性的土壤样品，利用化学分析手段，对土壤中的养分含量进行分析测定，及时掌握土壤肥力动态变化的情况和土壤有效养分状况，从而较准确掌握土壤的供肥能力，为平衡施肥提供科学依据。配方是平衡施肥的关键，在测土的基础上，根据土壤类型和供肥性能与肥料效应，同时考虑气候特点、栽培习惯、生产水平等条件，确定目标产量，制定合理的施肥方案，提出氮、磷、钾等各种肥料的最佳施用量、施用时期和施用方法等，实行有机肥与化肥，氮肥与磷钾肥，大量元素与微量中量元素的平衡施用。

4. 水稻施肥量的确定

对于肥料三要素的氮、磷、钾在水稻上的施用，尤其施氮量一般都只能依据大面积生产经验结合相关田间试验结果来确定。但随着生产的发展，用精准的方法确定施肥量成为必然趋势。水稻施肥量的确定需要考虑以下因素：一是水稻要达到一定的产量水平所必需从土壤中吸收的某种养分的数量；二是土壤供应养分的能力；三是肥料中某种养分的有效含量；四是肥料施入土壤后的利用率。在我国水稻优质高产栽培中，被普遍采用的一种方法是目标产量配方法，这种方法能实现水稻与土壤之间养分供应平衡。它的计算公式是：

某种养分的施肥量 =（水稻目标产量需肥量 - 土壤供肥量）/（土壤养分含量×肥料利用率）

目标产量配方法涉及的参数较多，但在实际生产中有些因素的求取较复杂和困难。譬如土壤供肥量与前作的种类、耗肥量和施肥量以及土壤的种类、耕作管理技术等多方面的因素有关，它可由不施该养分时水稻吸收的养分量来推算。我国当季化肥的利用大致范围：氮肥为 35% ~ 40%，磷肥为 15% ~ 20%，钾肥为 40% ~ 50%。总的施肥原则是：水稻生产的前期促进生长，多施氮肥、磷肥。钾肥的施用量占整个生长时期钾肥需要量的 50% 左右。水稻生长的中期施穗肥氮肥占总量的 20%，钾肥占总量的 50%。水稻生长后期适当补施粒肥，但控制氮肥的用量。

5. 水稻的施肥时期和方法

（1）前促、中控、后补施肥方法　这种施肥法重视基肥并重施分蘖肥，酌施穗肥。基肥占总肥量的 50% 以上，达到"前期轰得起，中期稳得住，后期健而壮"的要求。这种施肥方法主攻穗数，适当争取粒数和粒重。

"前促"即基肥中施用速效性氮肥占施肥总量的 40% ~ 50%，磷肥的全部，钾肥用量占总量的 50%，分蘖肥氮肥占总量的 30%。

"中控"即施穗肥氮肥占总量的 20%，钾肥占总量的 50%。

"后补"即可根据田间长势适当补施粒肥，但施用的氮肥量不能超过 10%。

（2）前后分期施肥法　是以水稻对于氮素的营养需要特点为依据提出的。所谓前期施肥是指营养生长阶段的施肥，主要是底肥和分蘖肥，后期施肥是生殖生长阶段的施肥，主要是穗肥。这是一种省肥、稳产、高产的施肥方法。

①前期施肥。有机肥料全部作基肥施用，也叫底肥。基肥的

施用要强调"以有机肥为主，有机肥和无机肥相结合，氮、磷、钾相配合"的原则。一般磷肥作铺肥，钾肥一般50%作基肥，氮肥的30%~40%可采用铺肥、全层施肥、深层施肥的方式。分蘖肥一般占总氮量的20%~30%，调整肥为5%左右。分蘖肥可在移栽后10天内进行，调整肥主要是防止分蘖肥施用不均和补救部分生长较差的地块。

②后期施肥。适时施用穗肥。穗肥的施用要根据水稻生长发育的情况决定时间。一般北方稻区幼穗分化与基部节间伸长同时进行，此时施肥，可增加枝梗和颖花分化，但也可能会助长节间伸长过度而引起的倒伏现象，施肥时要注意。正常穗肥的施用时期以减数分裂期施用为宜。要巧施破口肥和齐穗肥，齐穗肥和破口肥要以水稻的长势和长相来确定，一般高温年的效果大于低温年。

配方施肥法科学地确定有机肥与无机肥料配合和氮、磷、钾配合的最佳用量及比例，最大限度地发挥肥料的增产作用。根据不同的品种、地块确定不同的施用量，在北方，近几年这种施肥法应用较多。

（3）深层施肥　在水稻上施用氮素化肥，能被水稻利用的有限，主要原因是硝化作用和反硝化作用引起的脱氮损失。深层施肥是将铵态氮肥深施于水田土壤还原层，受硝化作用影响小，以铵离子形态被土壤胶粒所吸附，从而减少渗漏。同时由于缺乏反硝化作用基质，还可以减少脱氮造成的气体损失。因而深施比表施可以大大提高氮肥的利用率。

（4）水稻分期施肥

①大头肥。大头肥是一种重施分蘖肥为主的施肥体系，将总施氮量的大部分用作分蘖肥，后期一般不再施肥。在寒冷稻作区用大头肥对保证水稻获得一定产量曾起到良好的作用。但当氮肥用量明显增多后，如仍沿用这种施肥方式极易诱发倒伏和病害。特别是在低温年份前期氮肥施用量过大，会导致生育期延迟，从

而加重冷害的发生。因此，目前在水稻栽培水平高的稻区和施肥量较高的稻区一般不提倡施大头肥。

②分蘖肥。北方稻区水稻的生育期较短，为充分利用热量资源，促进分蘖的早生快发，强调施用足够数量的氮肥、磷肥作基肥，并在此基础上适当施用分蘖肥。减少分蘖肥的比例是北方地区水稻高产栽培的发展趋势。沿用以往重施分蘖肥的方法则极易引起无效分蘖率提高、植株生育过分繁茂、叶片披垂重叠遮阴等后果，而且叶片含氮量过高，会阻碍以氮代谢为主向以碳代谢为主的转移，有可能延长营养生长而推迟出穗期，这些都不利于生产。因此，分蘖肥的数量一般可占总施氮量的 25%～35%。在严重缺磷的土壤上或容易发生稻缩苗的田块，追施质量高的磷肥（如磷酸二铵或三料磷肥）有显著效果。在缺钾的水田，分蘖期每亩施用氯化钾或硫酸钾 5～75 千克，也有较好的作用。关于分蘖肥的施用日期，一般早栽的可在移栽后 5～10 天内进行，随着移栽时间的推迟，分蘖肥的施用日期应相应缩短。对分蘖肥的施用不均或补苗部分生长较差的三类苗地块，还可重点施用调整肥。调整肥不宜过大，每亩（1 亩≈667 平方米。全书同）平均量不宜超过 5 千克。

③穗肥。穗肥既能促进颖花数量的增多，又能防止颖花退化。在基肥和蘖肥比较充足的前提下，穗肥不宜在穗分化始期施用，因为此时施肥虽然能增加枝梗和颖花数，但也能助长基部节间和上部叶片的伸长，使群体过大，恶化光照条件，引起倒伏和病害的发生。对于大穗型品种，还会因颖花分化过多，导致结实率较低。剑叶抽出时正是花粉母细胞减数分裂期，基部节间和叶片伸长趋于稳定，即使氮素浓度较高，也不会造成株型恶化。因此，穗肥在抽穗前 15～18 天施用较为适宜。施肥量不宜超过总施氮量的 5%～8%，如果水稻长势过于繁茂或有稻瘟病发生的症状，则不宜施用穗肥。

④粒肥。粒肥有延缓出穗后叶面积下降和提高叶片光合作用

的能力，有增强根系活力、增加灌浆物质、减少秕粒、增加粒重的作用。但粒肥施用不会导致贪青晚熟。因此，粒肥的施用一般在安全抽穗期前抽穗或生长后期有早衰、脱穗现象时才能施用。粒肥应在齐穗期至齐穗后 10 天内施用，施肥量应根据水稻长势和叶色浓度来确定，一般土壤肥力高，前期施肥充足，水稻长势良好的稻田不宜追施粒肥。

（5）水稻根外施肥

水稻除根以外还可以通过茎叶吸收养分，而且肥料利用率较高，这种通过非根系吸收营养的现象就是根外营养，向根系以外的营养体表面施用肥料的措施就是根外追肥。根外追肥不但可以较快地被茎、叶吸收利用，还能避免养分被土壤固定及脱氮的损失。水稻后期根外施肥，可有效缓解后期根系衰老和肥料供应不足的矛盾，从而延长叶片寿命，加强上部叶片的光合功能，增加碳水化合物的形成与积累，促进早熟，增加千粒重，达到增产的目的。

①主要根外施肥料种类。不是所有的肥料都适于根外施用。不适合根外施肥的肥料有不溶于水的化肥（如钙镁磷肥），含挥发性氨的化肥（如氨水、碳酸氢铵），还有含有有毒物质的化肥。尿素是中性有机物，易被水稻茎叶吸收而又伤害极小，特别施用于根外追肥。追后 30 分钟后叶片的叶绿素含量即有增加，5 小时后可吸收 50%，最后可吸收 90%。

②根外施肥的方法。根外施肥通常是在齐穗期至灌浆期喷施，其作用与粒肥相同，如果缺氮以选择尿素为宜，喷施浓度在 1.5%～2.0% 范围内为好；如果磷、钾不足，可选择 0.5% 磷酸二氢钾加上 1% 尿素。微量元素浓度在 0.1%～0.5% 为宜。喷施时间最好是下午或傍晚无风时。

（6）水稻侧深施肥

侧深施肥（亦称侧条施肥或机插深施肥）技术是水稻插秧机配带侧深施肥器，在水稻插秧的同时将肥料施于秧苗侧立土壤中

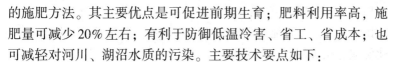

的施肥方法。其主要优点是可促进前期生育；肥料利用率高，施肥量可减少20%左右；有利于防御低温冷害、省工、省成本；也可减轻对河川、湖沼水质的污染。主要技术要点如下：

①稻田耕作、整地最少在12厘米以上。耕层浅时，中期以后易脱肥。水整地精细平整，泥浆沉降时间以3～5天为宜，软硬适度，以用手划沟分开，然后就能合拢为标准。泥浆过软易推苗，过硬则行走有阻力。

②侧深施肥要与追肥相结合，侧深施肥虽可代替基肥和分蘖肥，但中后期追肥量不能减少。侧深施肥部位一般为侧3～5厘米，深5厘米。

③调整好排肥量，保证各条间排肥量均匀一致，否则以后无法补正。在田间作业时，施肥器、施肥种类、转数、速度、泥浆深度、天气等都可影响排肥量。为此要及时检查调整。

④不同类型的肥料混合施用时，应随混拌随施肥，防止排肥不均，影响侧深施肥的效果。

（7）水稻低产田施肥

①冷浸水田的施肥策略。冷浸水田的特点是水分过多，土壤中的空气过少、土质冷凉，影响土壤中微生物的活动，所以有效养分含量极低，并因经常处于还原状态，水稻根系生长发育不良，致使前期生长缓慢，分蘖少。后期则随气温上升，有机质矿化迅速，又极易促进水稻过量吸收养分，使植株猛发徒长，诱发稻瘟病和延迟出穗而影响产量。因此，冷浸田施肥要掌握的原则是：早追施返青肥，适当控制后期施肥，防止贪青晚熟及成熟度低；增磷补锌。冷凉条件下水稻吸磷受阻，因此要增加磷肥的施用量，同时补充锌肥。

②盐碱地施肥策略。以增施有机肥为主，适当控制化肥施用量。有机肥中含有大量的有机质，可增加土壤对有害阴离子、阳离子的缓冲能力。有机肥又是迟效肥，其肥效持久而不宜损失，有利于保苗发根、促进生长。盐碱地施肥量不宜过多，一般碱性

稻田可施用偏磷酸肥料，如过磷酸钙、硫酸铵等。含盐量较高的稻田施用生理中性肥料避免加重土壤的次生盐渍化。盐碱地施用化肥应分次施用，少吃多餐。

增施磷肥，适当补锌。磷的有效性与土壤酸碱度有密切关系。在土壤 pH 值 6 ~ 7.5 的范围内，速效态磷较多。pH 值大于7.5 时，则形成难溶性的磷酸钙盐，速效磷量降低。pH 值小于5.5 时，由于铁、铝对磷的固定作用，速效态磷量也降低。同时，盐碱地还应适当补锌。

改进施肥方法。盐碱地氮的挥发损失比中性土壤大，深层施肥效果明显高于浅表施肥。因此，改进施肥技术应选颗粒较大的肥料，以减少表面积与土壤接触，其次，改多次表施 80% 作基肥深施肥或全层施肥，20% 作为穗肥表施。

六、北方水稻需水特性与节水灌溉

水稻的水分管理，不仅影响水稻产量，还会影响稻米的品质。在水源保证灌溉的地区，根据水稻的需水规律及灌溉对生态环境的调节作用进行水分管理，是优质水稻高产高效生产的重要环节。

1. 水稻的需水规律

稻田需水量是指水稻生育期间单位土地面积上的总用水量，也称耗水量。它包括植株蒸腾、株间蒸发及稻田渗漏 3 个部分，前 2 个部分合计称为腾发量。移栽水稻稻田需水量应包括秧田和本田 2 部分，但秧田期需水量较少，占本田需水量的 3% ~ 4%，尤其是旱育秧需水更少，不到本田需水量的 1%。因此，一般秧田需水量可忽略不计，只考虑本田需水量。实施水稻合理灌溉，首先掌握水稻田间需水量，然后根据水稻需水要求和不同的稻田土壤，采取科学的灌溉方法，以满足水稻高产、优质所需水分。

（1）水稻田间需水量

水稻田间需水量 = 叶面积蒸腾量 + 棵间蒸发量 + 田间渗漏量

水稻叶面积蒸腾量以水稻蒸腾系数表示，水稻蒸腾系数用制造 1 克干物质所需要的蒸腾水量来表示，以此作为水稻的生理需水量指标，并不是稻田实际需水量；棵间蒸发量是指水稻田间地表水分蒸发量，渗漏量是表示稻田灌溉水向地下渗漏的水量，以上三方面消耗水量之和就是水稻田间需水量。依据水稻田间需水量科学调节和确定稻田灌水量或灌溉定额，有利于计划供水，避免灌溉水的浪费。

（2）水稻需水要求

水稻一生中对水的需求，因不同生育阶段对水的需要有所不同；因不同品种、种植方式的不同、土质不同对水的需要量也不同。

①水稻生理需水。水是维持水稻生命活动和正常生育的物质基础。水稻植株体内含水量约占总量的 75% 以上，活体叶片所含水分 80%～95%，根部 70%～90%，成熟后的种子含水量约占干重的 14%～15%。水稻生理需水是指水稻进行正常生长发育的生理活动过程中所必需的水分，通常用蒸腾系数表示，即水稻经过新陈代谢进行光合作用，每生产 1 克干物质所消耗的水量。不过，水稻并不是生理需水最多的作物，其蒸腾系数一般为 395～635，南方稻略高些。水稻生理需水的多少和品种特性有关系，一般植株高大、生育期长、自由含水量高的品种，生理需水多；而植株矮小、生育期短、束缚水含量高的品种，生理需水少。生态环境条件对生理需水有直接影响，大气湿度低、温度高、光照强、风大，生理需水多；干旱时生理需水往往降低。

在水稻一生中有两个时期需水量最少，是最抗旱的时期。一是苗期，特别是三叶期以前最耐旱，有利于旱育壮秧；二是水稻分蘖末期耐旱性最强，此时，可适当晒田控长，抑制无效分蘖增加，促进根系深扎，并促使叶片养分转化为淀粉输送到茎秆予以贮备，有利于幼穗分化，向生殖生长转化。

水稻全生育期中也有两个对水分需求极其敏感的时期。一是移栽后返青期，扎根、发棵和分蘖阶段不能缺水，以利于前期生长进程正常进行；二是幼穗分化到减数分裂期，特别是后者减数分裂期不能缺水，这是水稻生育期中重要的水分临界期。此时缺水会对水稻产量和品质影响较大。

②水稻生态需水。在水稻生产中，除需满足生理需水外，也适当供给水稻生态需水，主要用于调节水稻田间生长发育的环境用水，主要包括水稻田面蒸发和稻田土壤渗漏部分。在有些水资源紧缺地区，栽培技术的改进在一定程度上节省水稻生态用水，如采用旱育苗带土移栽和钵盘育苗抛栽技术。在北方稻区，水稻生育中、后期可不建立水层，以水层降温防止热风，调节扬花期田间湿度。

③水稻耕作需水。水稻生产中在耕整地、施肥、施药的环节中需要灌溉水配合，以达到应有的效果，这部分水叫耕作需水。在水稻移栽前给予必要的平整地和栽插前实施除草剂封闭、追肥、施药等，通过灌溉水来确保肥分溶解，减少肥害，以水形成土壤表层药膜，有利于增强施肥效果。

2. 水稻不同生育期的水分管理

稻田水分管理技术在几十年的研究和实践中不断发展和完善起来。具体策略根据水稻不同生育期的需水规律、水稻对水分敏感程度来调节田间水分，实行控制灌溉；通过水分调节，对水稻生长发育和稻田生态环境进行有效促控，实现节水、保肥、改土、抗倒伏、抗逆境和减轻病虫害，达到水稻达到高产、优质、低耗。具体水分管理技术如下。

（1）栽秧期　不论采取哪种栽培方式，人工栽插、机插，还是抛秧，栽插时田面均应保持薄水层，以使株行距一致，插得深浅一致，不漂秧，不缺穴，返青快。插秧和气温关系极大。气温较低的，水层可浅些；气温较高的，为避免搁伤秧苗，应适当加

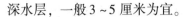

深水层，一般 3~5 厘米为宜。

（2）返青期　水稻秧苗移栽后，应立即灌深水，有利于返青。移栽时受伤的根系还未恢复，新根又没长出，根系的吸水能力较弱，叶面蒸腾作用在进行，会造成水分支出大于收入，较难保持稻株体内的水分平衡，叶片变黄，严重时出现凋萎现象，所以在返青期内，要保持一定的水层，满足稻株生理需水和减少叶面蒸腾，促进秧苗早发新根，加速返青。对于移栽时秧龄较长、较大秧苗，深水返青更为重要，尤其在气温高、湿度低条件下栽插的秧苗，栽后要注意深水护苗，最好白天灌深水护苗，晚上排水，以促返青发根。栽秧后 5~7 天，一般秧苗都以扎根立起，也是田间杂草集中萌发时期，此时应选适宜的除草剂进行土壤封闭处理。

（3）分蘖期　此期以浅水灌溉为主，浅灌勤灌，只保持 1~2 厘米水层。或是实行间歇灌溉，方法是田间灌 1 次水，保持 3~5 天浅水层，以后让其自然落干，待田间无明水、土壤湿润时，再灌 1 次水。水稻分蘖期浅水灌溉或间歇灌溉，可使田间水、肥、气、热比较协调，稻株基部受光充足，分蘖发生早，根系发达。分蘖期若田间灌水过深，将妨碍田间土温的上升或使水稻分蘖节部位昼夜温差过小，影响分蘖的早生快发；此时若水层过深使土壤通气不良，可加剧土壤中有害物质的积累，影响根系生长和吸收能力，严重时出现黑根、烂根。对于土质黏重田块，或高肥田块，秧苗返青早的宜湿润灌溉；对于土质差的稻田，或中低肥力的稻田，要保持较长时间的浅水层。

（4）分蘖末期　为了抑制无效分蘖的发生，促进根系的发育，巩固有效穗，为生殖生长打下基础，需要排水搁田。搁田时间的确定原则是"苗到不等时、时到不等苗"。这里的"时"是指水稻分蘖末期到幼穗分化初期。这一时期对水分不甚敏感，期后水稻对水的敏感性增强，过分控制水分可能会影响稻穗的分化；而所谓的"苗"是指单位面积上的茎蘖数（包括主茎和分蘖），一般在够苗期搁田，够苗期即田间总茎蘖数达到预定的穗数指标的时期。关于预定穗数指标是指适宜穗数，可以从当地高产田块中的众数中求得。搁田时间的确定还和土壤质地、品种及种植方式有关，一般土壤肥力高、栽培密度大、品种分蘖力强、分蘖早、发苗足、苗势旺的田块，搁田要提早。对于密度大、分蘖早的抛秧田，搁田的时间更适当提前。对于某些肥力不足，分蘖生长缓慢，水稻群体不足，总苗数不达标的，可适当推迟搁田。水稻搁田的程度视土壤而定，正常情况下，搁田以土壤出现3~5厘米细裂缝为复水标准。搁田使水稻无效分蘖显著减缓，植株形态上表现叶色褪淡落黄，叶片挺立，土壤达到沉实，田面露白根，复水后入田不陷脚，全田均匀一致。生产上可采取分次轻搁方法，具体措施如下：每次搁田时间约为0.5个叶龄期，一般4~5天，搁田后当0~5厘米土层的含水量达到最大持水量的70%~80%再复水。

（5）拔节孕穗期 在水稻的穗分化减数分裂期是生育过程中的需水临界期，这一时期稻株生长量迅速增大，它既是地上部生长最旺盛、生理需水最旺盛的时期，也是水稻一生中根系生长发展的高峰期。在此时期既要有足够水分满足稻株生长的需要，又要满足土壤通气对根系生长的需要。如果缺水干旱，极易造成颖花分化少而退化多、穗小、产量低，搁田要求在倒3叶末期结束，进入倒2叶必需复水，保证幼穗分化发育对水分的需求，特别是减数分裂前后更不能缺水，否则将严重影响幼穗的分化、颖花大量退化，结实率下降。

在此时期主要采用浅湿交替灌溉。具体方法如下：保持田间经常处于无水层状态，即灌1次2~3厘米深的水，自然落干后不立即灌第2次水，让稻田土壤露出水面透气，待2~3天后再灌2~3厘米深的水，如此反复，形成浅水层与湿润交替的模式。剑叶露出以后，正是花粉母细胞减数分裂后期，此时田间应建立水层，并保持到抽穗前2~3天，然后再排水轻搁田，促使"破口期"落黄，以增加稻株的淀粉积累，促使抽穗整齐。

（6）抽穗开花期　此期对水稻来说，光合作用强，新陈代谢旺盛，对水分的需求较敏感，耗水量仅次于拔节孕穗期。此时缺水，轻者延迟抽穗或抽穗不齐，严重时抽穗开花困难，包颈、白穗增多，结实率大幅度降低。此期田间土壤含水量一般在饱和状态，以建立薄水层为宜。

抽穗开花期间，当日最高温度达到35℃时，就会影响稻花的授粉和受精，降低结实率和粒重；遇上寒露风的天气也会使空粒增加，粒重降低。为抵御高温干旱或低温等逆境气候的伤害，应适当加深灌溉水层到4～5厘米，最好采用喷灌。

（7）乳熟期　抽穗开花后，籽粒开始灌浆，此时是水稻净光合生产率最高的时期，同时水稻根系活力下降，争取粒重和防止叶片、根系早衰成为这个时期的主要矛盾。既要保证土壤有较高的湿度，保证水稻正常的生理需水，又要注意使土壤通气，以便保持根系活力和维持上部功能叶的寿命。一般浅湿交替灌溉的方式较好，即采用灌溉→落干→再灌溉→再落干的方法。

（8）蜡熟期　水稻抽穗后20～25天之后穗梢黄色下沉，进入黄熟期。此时水稻的耗水量急剧下降，为了保证籽粒饱满，要采用干湿交替灌溉的方式，并减少灌溉次数。收割前一星期左右稻田应排水落干。

【思考与练习】

1. 北方粳型优质水稻区划为哪几个区？
2. 水稻生产过程中如何做到合理施肥、平衡施肥？
3. 侧深施肥的技术要点有哪些？
4. 水稻播种前应该做哪些准备工作？
5. 水稻生产中施肥的注意事项有哪些？

模块三　北方水稻生产苗期管理技术

【学习目标】

1. 了解水稻苗期的生育特点，掌握苗期对肥水的需求规律

2. 掌握水稻秧田培肥技术，包括水稻秧地的选择、育秧方式、播种等关键技术

3. 了解水稻苗期的病虫害种类，掌握病虫害的防治方法

一、北方水稻苗期生育特点及水肥管理

1. 幼苗期的特点

幼苗期也叫秧田期，它的整个生长过程分为：萌动—发芽—出苗—三叶。

（1）萌动　胚根鞘或胚芽鞘突破谷壳，外观上可以看到"露白"或"破胸"。

（2）发芽　当胚芽长度达到种子长度的一半，种子根长度与种子长度相等时为发芽，田间以"露尖"或"立锥"为标准。

（3）出苗　发芽后不久，在氧气充足和光照条件下，胚芽鞘迅速破口，不完全叶抽出，生产上称为"劈头放青"，随后第一叶抽出，当苗高达到2厘米时，叫出苗，这时第一对胚芽鞘节根出现。

（4）三叶期（离乳期）　接着第2对（1叶龄）和另一条胚芽鞘节根依次长出。所以胚芽鞘节根一般为5条，种子发育不良时可能只有3条，2.5叶龄时，不完全叶节根长出，秧田生长初期立苗主要靠这些根。

2. 秧苗类型

由于生育期不同以及当地的生态条件、栽培管理水平的差异，要求提供不同种类的秧苗。

（1）小苗　指3叶期移植的秧苗。一般苗高8～12厘米，根系10条左右。多为温室或大棚盘育苗，适于机械插秧，秧苗近于离乳阶段。秧苗较耐寒，适于非盐碱地，可适当提早移栽；对整平地，水层管理及插秧质量要求较高。

（2）中苗　是指3.5～4.5叶期移栽的秧苗。株高10～15厘米，根系达10条以上，多为盘育秧与机插秧配套或抛秧移栽，移栽适宜期较小，苗略长，需集中在秧龄期内移栽。

（3）大苗　指5～6叶期移栽的秧苗。株高15～20厘米，根系可达15条以上，一般播量较稀，有利于增加分蘖，成扁蒲壮秧。一般在田地进行薄膜旱育苗，可供人工手插，秧龄弹性大，适栽期长，抗逆性强。对整地、水层、移栽要求不太严格，应用较广泛，有利于节省用水，但秧、本田比例低。

（4）老苗　指叶龄超过6.5叶期以上，株高20厘米以上移栽的秧苗。多适于南部暖地采取超稀播种，增加单株分蘖，一般多用于杂交稻和珍贵品种，有利于节省用种量、省水、省肥、省工，可进行插前灭草，也有利于抢一茬前作物，但要防止秧龄过长造成早穗和徒长。适当搭配面积，有利于缓解秧苗过度集中造成的供水紧张。

3. 水肥管理

在水稻苗期主要做好水、肥、气、热等项调节管理和病、虫、草的防治工作。总体要求是在水稻苗期的前、中、后期3个阶段掌握好"促、控、炼"3个环节。

（1）秧苗前期管理　从播种至出苗3叶期以保温保湿为重点，设专人检查苗床水分是否充足，如缺水应及时浇灌补水，防止吊干种芽，这是确保苗全苗齐的关键。同时，要逐床巡视薄膜或无纺布是否完全盖严。因为前期外界气温低，床内保温非常重要。一般应保持在25～32℃，土壤水分达到田间持水量的70%～80%为宜。播种后一周左右，当稻种露出白芽时，千万不要浇水，防止过分刺激幼芽，影响发根和生长。只有床内见青后，如缺水才浇足浇透。

（2）秧苗中期管理　秧苗3叶期到4叶期以控制床内高温为主，这段时间外界气温开始上升，一般4月中下旬天气晴好时，中午床内温度可达40℃，最容易使秧苗发生徒长。此期间床内不能缺水也不能水大。注意通风降温，床内温度控制在25～28℃，当秧苗表现出有脱肥现象，应及时补施硫铵，一般每平方米20～25克，可撒施后浇水，也可对水100倍喷浇，接着用清水冲浇一遍，以免发生肥害。

（3）秧苗后期管理　由于天气逐渐变暖，床内温度容易升高，要及时通风炼苗，并逐渐增大通风炼苗的程度，一般采取白天揭膜夜间披上，根据天气情况于4月底至5月初揭膜。此时特别注意天气预报，防止寒潮侵袭。揭膜时要浇透水，防止秧苗遭受风吹日晒发生萎蔫。如明显表现出肥分不足，可适当追少量送嫁肥。在移栽前3～5天，要适当控制灌水，促进秧苗根系发达，进行蹲苗。移栽前切忌大水大肥催苗，以免移栽后返青延缓，推迟正常生长。

二、北方水稻秧田培肥与材料准备

1. 选好育秧田地

在北方水稻生产中，选好育秧地是培育壮苗的基础，一般选择地势高燥，排水良好，土质肥沃、疏松、通透性适中，保肥保水、无草籽、无盐碱，pH值4.5～5.5，早春低温回升快以及有机质含量较丰富的地块。不选择低洼冷凉、盐碱重的地块，更不选择漏风土段上育苗，防止土壤通冻后，苗床塌陷造成损失。再次，水源要方便，既能供水又能排水，这样有利于育苗，如园田

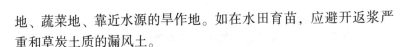

地、蔬菜地、靠近水源的旱作地。如在水田育苗，应避开返浆严重和草炭土质的漏风土。

2. 秧田整地和作床

整地是育秧工作中重要的一环，为秧苗的生长创造良好的土壤和生态条件。整地春秋皆可，最好进行旋耕松土。坚持旱整，旱找平。整地后，施腐熟优质的有机肥，使之与土壤融为一体，混合均匀。

作床质量直接影响播种的质量和秧田管理。如果是宽床开闭式旱育苗，作床宽 1.7～1.8 米，床高 10 厘米，步道沟宽 30～40 厘米，标准床长 16.5 米，可视情况定苗床的长度。标准床播幅 1.5 米，净播苗床长度 15 米，面积为 22.5 平方米。要坚持旱整地，旱作床，旱找平，再施以优质腐熟细碎农家肥，此外还要施速效化肥，每平方米施硫酸铵 50 克，硫酸钾或氯化钾 25 克，过磷酸钙 80 克。施肥后一般进行"三刨二搂"，刨匀、搂细、搂平，要求床面平整、细碎、刮平，用石滚压实，压平，防止坑洼不平影响出苗。保持床高一致，挖好排水沟，防止内涝积水。播种前做好床土酸化处理。

要求配制好盘育苗营养土，使用过筛的草炭土、腐熟农家肥、土，比例为 3：2：5，加入氮、磷、钾、锌肥，以 1 平方米计算：硫酸铵 50 克、过磷酸钙 100 克、硫酸钾 50 克、硫酸锌 1.5～2.0 克，与营养土混合均匀施用。苗期不能使用尿素，以免烧苗。

3. 选用良种及种子处理

良种选用应根据各地区的生态条件，选用适合本地区生长安全成熟、高产、优质、抗逆性强的中熟品种为主，要求种子纯度高，发芽率 95% 以上，发芽势达 80% 以上。首先要进行发芽试验，稻种浸泡后保持水分充足，在 25～35℃ 的条件下，经 3～5 天就可以观测其发芽势和发芽率是否达到播种要求。

发芽势：表示种子生活力的强弱。发芽势强，表示稻种生活力强。

发芽势（%）＝规定天数内发芽粒数/供试总粒数×100

发芽率：表示种子发芽率的百分率。发芽率越高，种子越好。

发芽率（%）＝发芽粒数/供试总粒数×100

通过发芽试验达到要求后，才可以播种。

晒种：稻种经过一秋冬贮藏，在仓库内温度和湿度不均衡，经过充分晒种后，进行催芽或播种，有利于出苗整齐。

种子精选：在催芽或播种前，要进行精选，清除杂草，特别是不饱满或有杂质的种子。

种子消毒：用浸种灵等药剂浸种，杀死种皮表面的恶苗病、干尖线虫病、白叶枯病等病菌，然后用清水冲洗并浸种5~7天，在播种前捞出，再晾晒一天，进行催芽和播种，也可用立枯宁拌种，稻种包衣，有利于防治立枯病的发生。

三、北方水稻育秧方式与适期播种

北方地区水稻育苗一般采用田间旱育苗和温室旱育苗两种方式。田间旱育苗又分为稻田旱育苗和庭院旱育苗，它的好处是移栽时不用搬运，就地撒秧，节省运秧工。温室旱育苗分为大棚或中棚旱育苗。

1. 播种期

北方地区适宜的播种时间一般以3月下旬至4月上旬为宜。首先，根据品种生育期长短而定，生育期长应适当提早播种，生育期短的适当推迟播种。其次，由于播种处理方法不同，其播种早晚也有差异，播种时间顺序为干种子早于浸种，浸种早于催芽。再次，育苗方式不同，播期早晚也有区别。一般露地旱育苗，稀播种，育成大壮秧移栽，可适当早播种，而中熟品种，采用软盘育苗，机械插秧或抛秧栽培，可适当推迟播种期。

2. 播种量

一般露地旱育苗，稀播种，机械或抛秧可适当密些；小苗移栽宜密，大苗宜稀，但从高产优质栽培和培育壮秧要求出发，应强调种子精选、确保发芽率的前提下，播种量应严加控制。具体播种量一般露地旱育苗，每平方米干种 150～200 克，不超过 250 克；盘育苗，每盘 80～120 克。

按不同秧苗类型确定播种量：3 叶期秧龄小苗，带土移栽，播种量每平方米为 350～500 克；4.5 叶龄中苗，播种量 200～250 克；5.5～6 叶期秧龄大苗，播种量 125～150 克；6.5～7 叶秧龄的老壮秧，播种量 50～75 克。

3. 播种方法

（1）放隔离层 在整地作床的基础上，培育小苗和中庙可以放隔离层；盐碱地、低洼地适于放隔离层，好处是隔盐碱，提高地温，容易起苗和运苗，但不适于培育带蘖大壮秧，地下毛细管水被隔断，苗床易干旱缺水，应及时浇足水。

（2）浇足底水，施足底肥，均匀播种，床边播齐。

（3）镇压 使稻种与床土紧密接触，有利于出齐苗。

（4）覆土 用营养土和壮秧剂均匀覆盖在稻种上面，使稻种盖严，轻轻压平。

（5）药剂封闭 用苗床除草剂或丁草胺药液喷施，封闭，同时覆盖薄膜。

（6）插拱架盖膜，播种，镇压，覆土，插架，施药，盖膜连续作业。

插拱架分为 3 种规格：小拱棚，用竹条在床上每隔 50 厘米远插一根，拱架中间高 30～35 厘米，两侧高 20 厘米，一般床宽 1.2 米，然后盖膜用草绳固定好；中棚，架高 1.5 米，宽 3.3 米，棚架间距 75 厘米，用竹条做架材，设两道横木梁或顶一排立柱；大棚，架高 1.7～2.1 米，宽 5.4 米，棚架间距 45～60 厘米，钢管骨架设三道梁，竹条做骨架时，内设两排立柱；大棚及中棚均在播种前5～7盖膜，以利于提高棚内苗床温度，同时，为了保温出苗整齐，棚内的软盘育苗床面最好加盖地膜，出齐苗将膜揭去。

4. 育秧方式

根据灌溉水的管理方式不同，水稻育秧方式有水育秧、湿润育秧、旱育秧以及塑料薄膜保温育秧、两段育秧、塑料软盘育秧等多种形式。

（1）水育秧 水育秧是指整个育秧期间，秧田以淹水管理为主的育秧方式。即水整地、水作床、带水播种，出苗全过程除防治绵腐病、坏种烂秧及露田扎根外，一直都建立水层。这种育秧方式常有坏种烂芽、出苗和成苗率较低、秧苗细长不壮、分蘖弱等弊端，是我国稻区采用的传统方法，现在生产上已不提倡采用。

（2）湿润育秧 也叫半旱秧田育秧，是介于水育秧和旱育秧之间的一种育秧方法，即水整地，水作床，湿润播种，扎根立苗前秧田保持湿润通气以利根系，扎根立苗后根据秧田缺水情况，间歇灌水，以湿润为主。该育秧方式容易调节土壤中水气矛盾，播后出苗快，出苗整齐，不易发生生理性立枯病，有利于促进出苗扎根，防止烂芽死苗，也能较好地通过水分管理来促进和控制秧苗生长，因此，目前已成为替代水育秧的基本育秧方法。

（3）塑料薄膜保温育秧 塑料薄膜保温育秧是在湿润育秧的基础上，播种后于厢面加盖一层薄膜，多为低拱架覆盖。这种育秧方式有利于保温、保湿、增温，可适时早播，防止烂芽、烂秧，提高成秧率，对早春播种预防低温冷害来说十分必要。

（4）旱育秧 旱育秧是整个育秧过程中，只保持土壤湿润，不保持水层的育秧方法。即将水稻种子播种在肥沃、松软、深厚的呈海绵状的旱地苗床上，不建立水层，采用适量浇水，培育水稻秧苗。水稻旱地育秧依靠秸秆、厩肥等腐熟有机肥料，提高土壤肥力，苗期很少追施肥料，床面土壤上下通透性好，有利于培育根多、根毛多、白根多的壮秧，是提高秧苗质量的较好形式。旱育秧操作方便，省工省时，不浪费水资源。但过去没有保温、保湿覆盖物，常因水分短缺而出苗不齐，且易生立枯病和受鼠雀危害。近年各地采取增盖薄膜、药剂防治立枯病等措施，保温旱育秧方式已成为寒冷地区和双季早稻培育壮秧、抗寒、抗旱、节水的重要育秧方法。

（5）两段育秧　两段育秧就是将整个育秧过程分两段进行的一种育秧方法。第一阶段是采用密播旱育秧或湿润育秧方法培育3~4叶的小秧苗，第二阶段是寄秧阶段，将小秧苗带土或不带土按一定密度寄栽到经过耕耙施肥的寄秧田中，待培育成多个分蘖的大壮秧苗后，再移栽到大田。这是一种适用于多茬口迟栽秧的育秧技术。其主要优点是成秧率高、用种量少、早发性强，可调节茬口矛盾。尤其适用于麦茬迟栽中稻、双季连作晚稻和杂交稻制种时生育期较长的父本秧。两段育秧可解决早播与迟栽的矛盾，提早出穗期，以避开花期高温或灌浆期低温等的不利影响。

（6）塑料软盘育秧　塑料软盘育秧是在旱育秧床或水田秧床（以旱育秧床操作、管理方便）基础上，利用塑料软盘，通过人工分穴点播、种土混播或播种器播种进行育秧的方式。这种育秧方式能提高秧本田比例，降低育秧成本，管理方便，秧苗素质好，苗期不易发病。育出的秧苗可以手工栽插，更利于抛栽。

（7）双膜育秧　育秧时采用两层地膜，即在秧板上平铺地膜（需要事先对地膜按一定规格打孔），然后在有孔地膜上铺放底土（铺土厚度2.0厘米），完成灌水、播种、盖土、铺草等程序后，再覆盖一层地膜。一般在秧苗出土2厘米左右时揭膜炼苗。起秧前要将整版秧苗用刀切成一定规格的秧块，切块深度以切破底层有孔地膜为宜，以便机插。

（8）其他育秧方式　如塑盘硬盘育秧、工厂化育秧、场地小苗育秧等。

四、北方水稻苗期杂草及病虫害识别与防治

北方水稻苗期的病害表现在以下几方面。

1. 秧田杂草防除法

水稻苗田防治杂草的方法有播后芽前土壤封闭处理，可杀死用种子萌发的一年生杂草，出苗后至第 3 叶期用敌稗乳油灭草；在插秧前人工拔除杂草。播后苗前土壤封闭，一般多用丁草胺乳油，每平方米丁草胺 0.31 毫升，对水均匀地喷雾在育苗覆盖土上，不得重复，喷后立即覆盖农膜，保持床土湿润，也可用封闭安毒土撒施。水稻出苗后若稗草较多，可用 20% 的敌稗乳油防治。为提高防治效果，防治要在稗草 2～3 叶期以前进行。每标准苗床 22.5 平方米用药 50 毫升，对水 75 千克，均匀喷雾，作茎叶处理。杀草不彻底则 3 天后，用第一次药量相同的敌稗乳油，进行第二次喷药灭草。喷药后立即覆膜，不能浇水。在药剂锄草的前提下，苗田可能在后期孳生其他杂草或大稗（图 3 - 1），可人工拔除。

图 3 - 1　稗草

2. 苗期常见病虫害的类型及其防治方法

（1）苗床白芽病　苗床出现白芽病是因为水稻播种后种芽在适宜的温度下吸收充足水分和氧气，才能在有氧的条件下，促进

酶旺盛活动，加快细胞分裂形成新的组织和器官。在淹水的情况下，由于供氧不足，芽鞘伸长加快，叶绿素来不及成形，成为白芽（图3-2），而幼根发育受阻，则形成有芽无根的畸形芽。发生这种情况时，应揭开覆盖的农膜晾床，降低床内温度，使阳光直接照射床面，既可加速床面水的蒸发，又可使白芽绿化，促进根的发育。对于因为覆盖土过厚引发的白芽，只要不是湿度过大，不需要任何处理就可以正常转绿。

图3-2　水稻白芽病

（2）潜叶蝇（图3-3）　田间杂草上越冬，5月中下旬为越冬代活动盛期，6月中上旬出现第一代成虫产的卵孵化出幼虫为害水稻。因气候的影响，有时危害提早。其对水稻的危害时期，正处于水稻秧苗末期本田初期，如防治不及时，就会造成危害，轻则延迟缓苗时间，造成缺苗断条；重则成片枯死，造成减产。因此，最好在插秧前在苗田上施药剂防治。使用的药剂应为具有内吸作用的杀虫剂，如吡虫啉系列等农药。苗田防治潜叶蝇，可以防止秧苗把虫卵和幼虫代入本田，减少本田的防治面积。插秧期间劳动力紧张，在苗田上施药，秧苗集中，防治面积小，防治起来省工、省药、及时。

3. 秧田青苔

秧田青苔是播种时常见的现象，需要进行防治。秧田的青苔是播种时床面湿度过大，坏种、种子腐烂后引起的；施入未腐熟

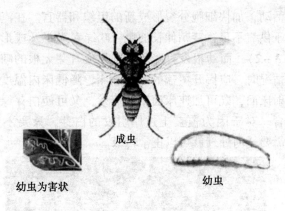

成虫

幼虫为害状

幼虫

图 3 - 3　潜叶蝇

的农家肥或者肥力过高，在长期蓄水尤其水质不洁的情况下，秧田表面也容易长青苔。苗田灌水后青苔容易上浮，常常粘住叶鞘，或浮在水面遮光降低土温和水温，撤水后往往把苗压倒。因此，必须设法预防和清除。防除方法如下：播种时保证床面干爽，宁干勿湿，防止芽涝；施肥施腐熟的农家肥要均匀，防止局部过量；管理时如发现床面长青苔，发生轻微的可经常换或干湿交替灌水。发生较重的可用 15 千克草木灰，对水 40 ~ 50 倍，淋去灰渣，用草木灰水泼浇床面。

【思考与练习】

1. 水稻苗期的生物学特性有哪些？
2. 水稻育秧的方式有哪些？
3. 水稻播种分哪几个环节进行？
4. 苗期常见的病虫害有哪些？如何防治？

模块四 北方水稻分蘖拔节期管理技术

【学习目标】

1. 了解水稻分蘖拔节期生育的主要特点，掌握此时肥水管理的要点

2. 了解水稻分蘖拔节期病虫害的特征，熟练掌握防治方法

3. 掌握水稻分蘖拔节期稻田的诊断方法

一、北方水稻分蘖拔节期生育特点及水肥管理

1. 北方水稻分蘖拔节期主要特点

北方水稻分蘖拔节期的主要特点是长分蘖、长叶、长根，是亩穗数的定型期，也是长茎、长穗奠定基础的时期。水稻的分蘖规律和小麦相似，但由于栽培环境不同，分蘖发生位置和消长规律有差异。

水稻胚芽鞘一般无分蘖，不完全叶极少发生分蘖，自第一叶起开始遵循 n－3 的蘖叶同伸规律分蘖。在秧田期，由于一般播种较密，养分、光照不足，基部节上的分蘖芽大都处于休眠状态；拔节以后，生长中心转移，上部节上的分蘖芽便也潜伏而不能萌发。所以又可能长成分蘖的，一般只有中位节上的几个分蘖芽，但能否萌发，要看外界的环境条件。插秧经过返青通常长出第二片叶时开始分蘖，此蘖位是 n－1 蘖（插秧秧苗叶龄为 n）。当全田有 10% 的稻苗新生分蘖露尖时，称为分蘖始期。分蘖最快的时期称为分蘖盛期。到全田总茎数和最后穗数相同的日期，称为有效分蘖终止期。全田分蘖数达到最多的日期，称为最高分

蘖期。

（1）影响分蘖的因素 主要有品种、温度、光照、营养等因素。

①品种：品种的生育期、主茎的叶片数是决定分蘖力强弱的重要因素。生育期或叶片接近，分蘖力则受品种对限制分蘖的环境因素抗性大小的制约。大穗或高秆品种小于中、小穗或矮秆品种，杂交稻大于常规稻，同一品种早播大于晚播。

②温度：最低气温 $15 \sim 16℃$，水温 $16 \sim 17℃$；最适气温 $30 \sim 32℃$，水温 $32 \sim 34℃$；最高气温 $38 \sim 40℃$，水温 $40 \sim 42℃$。

③光照：壮秧稀插，改善光照与营养条件有利于分蘖发生。

④营养因素：当叶片含氮 $\geq 3.5\%$、磷 $\geq 0.2\%$、钾 $\geq 1.5\%$ 时分蘖旺盛。含氮 2.5% 分蘖停止，1.5% 以下小蘖死亡。

⑤其他：例如，浅插、浅水灌溉有利于分蘖发生，深水或落干则抑制分蘖发生，苗期使用生长延缓剂（如多效唑）可使株矮、蘖多蘖壮。

（2）水稻叶的生长 分蘖期也是长叶的时期，水稻除前三叶在分蘖前出生，最后三叶在长穗期长出外，其余的都是在分蘖期生长。

①出叶规律：一般早熟品种水稻总叶片数 $12 \sim 13$ 片，中熟种 $14 \sim 15$ 片叶，晚熟种 16 片叶以上。同一品种因不同栽培条件生育期延长或缩短，叶片数也相应增多或减少。

水稻叶从分化到展开经过叶原基分化、组织分化、叶片待生长、叶片伸长、叶鞘伸长 5 个阶段。不同叶位叶的生长关系是：n 叶抽出 $\approx n$ 叶鞘伸长 $\approx n+1$ 叶伸长 $\approx n+2$ 叶待伸长 $\approx n+3$ 叶组织分化 $\approx n+4$ 叶原基分化。环境剧烈变化与有效措施对伸长叶与待伸长叶（$n+1$，$n+2$）影响最大。

水稻出叶间隔与出叶转换点：上下两叶伸出日数的差距，称为"出叶间隔"。分蘖前 3 天左右长出 1 叶；分蘖期 5 天左右出 1 叶，拔节后 $7 \sim 9$ 天出 1 叶。所以叶片的出生按出叶间隔有两个转换点，称为"出叶转换点"。它是稻株生育阶段转换的标志，第一个转换点标志幼苗已至离乳期，第二个转换点则是进入或将进入生殖生长的征兆。

②影响稻叶机能的因素：一般最早出生的 1 ~ 3 叶，寿命只有 10 天左右，以后随着叶位的上升，寿命逐渐增长，以剑叶的寿命最长，有的可达 50 ~ 60 天。影响稻叶机能的因素主要有两个：一是矿质营养，二是光照强度。据研究，如果根部吸收的氮、磷、钾、硫、镁、钙不能满足生长点的需要，下部叶片的营养就会向生长点转移，被转移叶片的光合能力就会下降。稻叶光补偿点在 600 ~ 1 000 勒克斯，旺长田群体下部叶片的光照强度如在光补偿点之下，制造的养料不足以自身呼吸作用消耗就会枯黄而死。

2. 北方水稻分蘖期水肥管理

北方水稻分蘖期水肥管理任务：要促分蘖早生快发，增加有效蘖，控制无效蘖，到最高分蘖期能达到正常的"拔节黄"，为丰产打下基础。

（1）早施分蘖肥　在分蘖始期，追施氮肥，以满足水稻长叶、长分蘖的需要，每亩施用尿素 2.5 千克为宜，最多不超过 5 千克。施肥不可过晚，否则易引起秧苗徒长倒伏。

（2）浅水勤灌，适当晒田　水稻在分蘖期间，特别是有效分蘖期间，一般灌水 3.3 厘米左右，能提高地温水温，促进土壤养分分解，分蘖节处的光照和氧气充足，能促分蘖的发生和生长。盐碱地要活水灌溉，防止水质变劣，危害稻苗。当有效分蘖期结束以后，要灌深水抑制分蘖发生。生长过旺时，结合给排水晒田，控制生长，减少无效蘖，对防止倒伏作用明显。

（3）防除杂草和病虫害　除草已普遍应用除草剂，不仅可以消灭稻田杂草，又可减轻大量的繁重劳动。分蘖期还要防治病虫害，主要病害有稻瘟病、恶苗病、褐斑病、白叶枯病。虫害如二化螟、稻蓟马、稻纵卷叶螟等。应及时检查，及时防治。

二、北方水稻分蘖拔节期病虫害识别与防治

1. 稻瘟病

（1）症状

急性型病斑：有暗绿色近圆形或椭圆形病斑，叶片两面都产生褐色霉层，条件不适应发病时转变为慢性型病斑。

慢性型病斑：叶上产生暗绿色小斑，渐扩大为梭形斑，常有延伸褐色坏死线。病斑中央灰白色，边缘褐色，外有淡黄色晕圈，叶背有灰色霉层，病斑多时连片形成不规则大斑。

白点型病斑：感病嫩叶有白色近圆形小斑，不产生孢子，气候条件有利于其扩展时，转为急性型病斑。

穗颈瘟：初形成褐色小点，扩展后使穗颈部变褐，也造成枯白穗。发病晚的造成秕谷。枝梗或穗轴受害造成小穗不实。

节瘟：稻节上有褐色小点，后渐绕节扩展使病部变黑，易折断。发生早形成枯白穗。仅在一侧发生造成茎秆弯曲。

苗瘟：病苗基部灰黑，上部变褐，卷缩而死，湿度较大病部有灰黑色霉层。

转褐点型病斑：高抗品种或老叶上产生针尖大小褐点，只产生于叶脉间，较少产孢，叶舌、叶耳、叶枕等部位也可发病。

（2）发生规律 病菌在稻草和稻谷上越冬。翌年产生分生孢子借风雨传播到稻株上，萌发侵入寄主向邻近细胞扩展发病，形成中心病株。病部形成的分生孢子，借风雨传播进行再侵染。播种带菌种子可引起苗瘟，适温高湿，有雨、雾、露存在条件下有利于发病。菌丝生长温度范围 8～37℃，最适温度 26～28℃。温度范围 10～35℃最适、湿度90%以上孢子形成。孢子萌发需有水存在并持续 6～8 小时。适宜温度才能形成附着胞并产生侵入丝，穿透稻株表皮，在细胞间蔓延摄取养分。阴雨连绵，日照不足或时晴时雨，或早晚有云雾或结露条件，病情扩展迅速。偏施过施

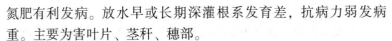

氮肥有利发病。放水早或长期深灌根系发育差，抗病力弱发病重。主要为害叶片、茎秆、穗部。

（3）防治方法 ①因地制宜种植2~3个适合当地抗病品种。②无病田留种，处理病稻草，消灭菌源。③按水稻需肥规律，采用配方施肥技术，后期做到干湿交替，促进稻叶老熟，增强抗病力。④种子处理：用强氯精消毒。⑤抓住关键时期，适时用药。早抓叶瘟，狠治穗瘟。

（4）药物防治 20%三环唑（克瘟唑）可湿性粉剂1 000倍液，或40%稻瘟灵（富士一号）乳1 000倍液，或50%多菌灵可湿性粉剂1 000倍液，或50%甲基硫菌灵可湿性粉剂1 000倍液，或40%克瘟散乳剂1 000倍液，或5%菌毒清水剂500倍液，喷施，叶瘟要连防2~3次。发病初期，穗瘟要着重在抽穗期进行保护，特别是在孕穗期（破肚期）和齐穗期是防治适期。

2. 水稻纹枯病

纹枯病是世界上水稻产区普遍发生的重要病害之一，我国各稻区自70年代以来发病呈上升趋势。据统计，目前全国发病面积达2亿亩以上（占总面积的2/5），与稻瘟病、白叶枯病构成水稻的三大病害。纹枯病可使植株茎秆、叶鞘干枯至腐烂，引起结实率下降，千粒重降低，甚至植株倒伏（导致绝收）。

（1）症状 苗期至抽穗后均可发生，以分蘖期和抽穗期为害最重。发病部位主要在叶鞘、叶片，严重时能伸入茎秆，向上扩展至穗部。叶鞘发病，先在植株基部至水面处出现暗绿色水浸状小斑点，逐渐扩大成椭圆形病斑，病斑边缘褐色到深褐色，中部黄白色—灰白色，病斑相互连接后形成云纹状大斑，叶鞘枯死至腐烂。叶片发病与叶鞘上病斑相似，病斑灰绿色，谷粒不实，甚至整穗枯死。发病严重时，常导致植株倒伏或成簇枯死。在植株基部叶鞘、叶片上长有白色菌丝状物，丝状物之间生有褐色萝卜籽状小颗粒——菌核。后期在病部表面（或叶鞘内侧）有时看到一层白色粉状物，为病菌有性阶段的子实层（担子和担孢子）。

（2）病害循环

①侵染来源：病菌主要以菌核在土壤中越冬，也能以菌丝体和菌核在病稻草和其他寄主残体上越冬。上年或上季水稻收获后遗留田间的菌核数量与当年或当季发病程度关系密切，一般每公顷遗留的菌核约150万粒，重病田约900万～1 200万粒，发病特别严重的田块可达到3 000万～4 500万粒。菌核的生活力极强，土表或水层中越冬的菌核存活率达96%以上，土表下9～25厘米的菌核存活率也达88%以上。在室内干燥条件下保存8～20个月的菌核萌发率达80%，保存11年的菌核仍有28%的萌发率。

②传播：田间传播主要是通过流水传播，春季灌水时，菌核浮在水面随水流传播。插秧返苗期，菌核漂浮在稻株基部叶鞘上，温度适宜时，菌核萌发成菌丝，由叶鞘内侧表面侵入，在叶鞘表面长出气生菌丝继续向四周扩展反复侵染。从叶鞘向茎内侵染，一般是呈H形垂直侵染。最后，菌核落入土中或随病残（叶鞘、稻根）越冬。

（3）发病条件　纹枯病的发生发展与菌源基数、品种抗性、气候及栽培管理等因素密切相关。菌源基数主要与菌核残留数量关系密切。凡上年轻病田或当年移栽前灌水时打捞较彻底的地块发病轻；反之，菌核越冬数量大，发病重。品种抗性为糯稻病重于籼稻，籼稻重于粳稻；矮秆品种重于高秆品种；早熟品种重于晚熟品种。在温度适宜条件下，阴雨天病重。

（4）栽培管理　主要是肥水管理影响大。浅水浇灌、适时晾田的病轻；长期深水灌田，发病重，一是深水影响根系发育，植株抗病性差，二是稻丛中湿度大，有利于菌的扩展。肥料管理以氮肥影响大。氮肥过多，易徒长，抗病性差发病重。

（5）病害防治　应采用加强栽培防病和压低菌源基数为主，配合药剂防治的综合防治措施。清除菌源，这是一项有效的措施。一般应在稻田第一次灌水整地时进行，此时大多数菌核漂浮在水面上，可彻底打捞被风吹或冲至田边或地头的浪渣，带出田外烧掉。浮核萌发率在 80% 以上，沉核当年萌发率仅在 30% 左右。所以打捞浮核可有效控制当年病情。同时，及时清除田边杂草及病稻草等。栽培防病施肥上主要掌握氮磷钾肥配合施用，增强植株抗病性，水的管理应掌握湿润灌溉，适时晒田，控制田间湿度。药剂防病是目前防治纹枯病重要措施。根据病情发展情况，及时施药，控制病害扩展，过迟或过早施药，防治效果均不理想。一般在水稻分蘖末期丛发病率达 15%，或拔节到孕穗期丛发病率达 20% 的田块，需要用药防治。前期（分蘖末期）施药可杀死气生菌丝，控制病害的水平扩展；后期（孕穗期至抽穗期）施药，可抑制菌核的形成和控制病害的垂直扩展，保护稻株顶部功能叶不受侵染。每公顷喷施 40 ~ 60 毫克/升的井冈霉素药液 1 100 千克。喷施 50% 多菌灵可湿性粉剂，或 50% 托布津可湿性粉剂或 30% 菌核净可湿性粉剂也有良好的防治效果。甲基砷酸钙、甲基砷酸铁胺等有机砷药剂，仍是防治纹枯病的有效药剂，但应在孕穗期前施用，以免发生药害。

3. 二化螟

（1）为害特点　水稻分蘖期受害出现枯心苗和枯鞘；孕穗期、抽穗期受害，出现枯孕穗和白穗；灌浆期、乳熟期受害，出现半枯穗和虫伤株，秕粒增多，遇刮大风易倒折。二化螟为害造成的枯心苗，幼虫先群集在叶鞘内侧蛀食为害，叶鞘外面出现水渍状黄斑，后叶鞘枯黄，叶片也渐死，称为枯梢期。幼虫蛀入稻茎后剑叶尖端变黄，严重的心叶枯黄而死，受害茎上有蛀孔，孔外虫粪很少，茎内虫粪多，黄色，稻秆易折断。别于大螟和三化螟为害造成的枯心苗。

（2）形态特征　成蛾雌体长 14 ~ 16.5 毫米，翅展 23 ~ 26 毫米，触角丝状，前翅灰黄色，近长方形，沿外缘具小黑点 7 个；后翅白色，腹部灰白色纺锤形。雄蛾体长 13 ~ 15 毫米，翅展 21 ~ 23 毫米，前翅中央具黑斑 1 个，下面生小黑点 3 个，腹部瘦圆筒形。4 龄以上幼虫在稻桩以稻草中或其他寄主的茎秆内、杂草丛、土缝等处越冬。气温高于 11℃ 时开始化蛹，15～16℃ 时成虫羽化。低于 4 龄期幼虫多在翌年土温高于 7℃ 时钻进上面稻桩油菜等冬季作物的茎秆中。均温 10～15℃ 进入转移盛期，转移到冬季作物茎秆中以后继续取食内壁，发育到老熟时，在寄主内壁上咬升羽化孔，仅留表皮，羽化后破膜钻出。有趋光性，喜欢把卵产在幼苗叶片上，圆秆拔节后产在叶宽、秆粗且生长嫩绿的叶鞘上；初孵幼虫先钻入叶鞘处群集为害，造成枯鞘，2～3 龄后钻入茎秆，3 龄后转株为害。该虫生活力强，食性杂，耐干旱、潮湿和低温条件，主要天敌有卵寄生蜂等。

（3）防治方法

①农业防治。合理安排冬作物，晚熟小麦、大麦、油菜、留种绿肥要注意安排在虫源少的晚稻田中，可减少越冬的基数。对稻草中含虫多的要及早处理，也可把基部 10～15 厘米先切除烧毁。灌水杀蛹，即在二化螟初蛹期采用烤田、搁田或灌浅水，以降低化蛹的部位，进入化蛹高峰期时，突然灌深水 10 厘米以上，经 3～4 天，大部分老熟幼虫和蛹会被灌死。

②选育、种植耐水稻螟虫的品种，适时用药防治。采取狠治一代，挑治 2 代，巧治 3 代。第一代以打枯鞘团为主，第二代挑治迟熟早稻、单季杂交稻、中稻。第三代主防杂交双季稻和早栽连作晚稻田的螟虫。在早、晚稻分蘖期或晚稻孕穗、抽穗期螟卵孵化高峰后 5～7 天，枯鞘丛率 5%～8% 或早稻每亩有中心为害株 100 株或丛害率 1%～1.5% 或晚稻为害团高于 100 个时，每亩应马上用 80% 杀虫单粉剂 35～40 克或 25% 杀虫双水剂 200～250 毫升，或 50% 杀螟松乳油 50～100 毫升，或 90% 晶体敌百虫 100～2 008 对水 75～100 千克喷雾，或喷洒 1.8% 农家乐乳剂（阿维菌素 B1）3 000～4 000 倍液，或 42% 特力克乳油 2 000 倍液。也可选用 5% 锐劲特胶悬剂 30 毫升或 20% 三唑磷乳油 100 毫升，对水 50～75 千克喷雾或对水 200～250 千克泼浇。也可对水 400 千克进行大水量泼浇，此外还用 25% 杀虫双水剂 200～250 毫升或 5% 杀虫双颗粒剂 1～1.5

千克拌湿润细干土20千克制成药土，撒施在稻苗上，保持3~5厘米浅水层持续3~5天可提高防效。此外把杀虫双制成大粒剂，改过去常规喷雾为浸秧田，采用带药漂浮载体防治法能提高防效。杀虫双防治二化螟还可兼治大螟、三化螟、稻纵卷叶螟等，对大龄幼虫杀伤力高、施药适期弹性大。

4. 三化螟

三化螟是亚洲热带至温带南部的重要水稻害虫。在我国广泛分布于长江流域以南主要稻区，特别是沿海、沿江平原地区为害严重。三化螟只为害水稻，以幼虫钻蛀稻株，取食叶鞘组织、穗苞和稻茎内壁，造成枯心苗、死孕穗、白穗等为害状，严重影响水稻生产。

（1）形态特征　成虫体长9~12毫米，翅展21~25毫米。雌蛾前翅长三角形，淡黄白色，中央有1明显黑点；腹末有黄褐色绒毛一丛。雄蛾前翅淡褐色，中央有1个小黑点，翅顶角斜向中央有一暗褐色斜纹，外缘有7个小黑点。卵产成块，长椭圆形，初产时蜡白色，孵化前灰黑色，卵块有几十至一百多粒卵，上面盖黄褐色绒毛。

（2）生活史　三化螟在赣南地区一年发生4~5代，以幼虫在晚稻的稻茬（禾头）内越冬。翌年春，发育化蛹，再羽化为成虫。螟蛾白天多潜伏于稻株下部或叶背，夜间活动，有趋光性，喜欢在生长茂盛嫩绿的稻株上产卵。秧田期卵多产在叶片正面近叶尖处，本田期多产在叶片背面中上部，每头雌蛾产卵2~3块。孵化后蚁螟就在卵块附近的植株上蛀茎为害，造成"枯心团"或"白穗团"。幼虫能转移为害，为害孕穗的水稻时，先在穗苞里咬食嫩粒，抽穗后再蛀入上部茎节造成白穗。水稻在分蘖期和孕穗期易受害，圆秆期和齐穗后蚁螟不易侵入。一般为害晚稻，特别是在抽穗期，易造成白穗。

（3）综合防治措施

①消灭越冬虫源。在螟蛾羽化前，全面处理虫源田稻茬。晚

稻收割前对明年有效虫源田内的白穗群撒白灰标记，冬季及时挖除白穗稻茬；只挑选螟害轻的田块作绿肥留种田；春季，掌握在越冬幼虫化蛹初期（即在"惊蛰"前后），灌水浸田5~7天，淹死幼虫和蛹。

②栽培治螟。减低混栽程度，缩减三化螟辗转增殖为害的桥梁田；调整品种和栽植期，使易受害期避开蚁螟盛孵期，可减轻为害。

③根据预测预报抓准在蚁螟盛孵期施药。每亩用18%杀虫双250~300毫升，或40%乐果200~250毫升、50%杀螟硫磷75~100毫升，或90%敌百虫结晶125~150克或30%乙酰甲胺磷乳油150~250毫升，对水喷雾或撒毒土，施药后保持3~5厘米浅水层2天以上。据研究，每亩用150克有效成分的杀虫双、杀虫单、杀虫环、巴丹作水稻根区施药，可以有效防治秧田或本田三化螟的危害。

5. 稻纵卷叶螟

（1）分布与为害　稻纵卷叶螟是一种迁飞性害虫，分布广泛，我国各稻区均有发生。初孵幼虫取食心叶，出现针头状小点，随虫龄增大，吐丝缀稻叶两边叶缘，纵卷叶片成圆筒状虫苞，幼虫藏身其内啃食叶肉，留下表皮呈白色条斑，为水稻主要害虫，还为害麦子、玉米、谷子、红薯等作物及稗、马唐、狗尾草等本科杂草。

（2）形态特征　成虫长7~9毫米，淡黄褐色，前翅有2条褐色横线，曲线间有1条短线，外缘有一暗色宽带；后翅有两条横线，外缘也有宽带。卵约1毫米，椭圆形，初产白色透明，近孵化时淡黄色。幼虫老熟时长14~19毫米，低龄幼虫绿色，后转黄绿色，成熟幼虫红色。蛹长7~10毫米，初黄色后转褐色，长圆筒形。

（3）特征特性

①趋光性：在闷热、无风黑夜，扑灯量很大，且以上半夜为

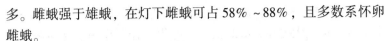

多。雌蛾强于雄蛾，在灯下雌蛾可占58%～88%，且多数系怀卵雌蛾。

②栖息趋荫性：白天，成虫都隐藏在生长茂密荫蔽、湿度较大的稻田里，如无惊扰，很少活动，有的还能在早上飞向稻田附近，生长荫蔽茂密的瓜菜园、棉田、薯地、屋边、甘蔗地以及沟圳边、小山上的杂草、灌木丛中栖息，至晚上又飞回稻田产卵。

③产卵趋嫩绿性：成虫产卵喜趋生长嫩绿繁茂的稻田，受卵量可比一般稻田高几倍至十几倍。由于卵量不同，各类型水稻的为害程度差异也很大。

④趋蜜性：成虫喜食花蜜及蚜虫分泌的蜜露，作为补充营养，以延长寿命，增加产卵量。因此，在蜜源多的附近稻田，卵量较大，为害也较重。

（4）发生规律　稻纵卷口十螟是一种迁飞性害虫，自北而南一年发生1～11代；南岭山脉一线以南，常年有一定数量的蛹和少量幼虫越冬，北纬30°以北稻区不能越冬，故广大稻区初次虫源均自南方迁来。成虫有趋光性，栖息趋荫蔽性和产卵趋嫩性。初孵幼虫大部分钻入心叶为害，进入2龄后，则在叶上结苞，孕穗后期可钻入穗苞取食。幼虫一生食叶5～6片，多达9～10片，食量随虫龄增加而增大，3龄食叶量仅在10%以内，幼虫老熟多数离开老虫苞，在稻丛基部黄叶及无效分蘖嫩叶上结满茧化蛹。稻纵卷叶螟发生轻重与气候条件密切相关，适温高湿情况下，有利成虫产卵、孵化和幼虫成活，因此，多雨日及多露水的高湿天气，有利于猖獗发生。

（5）防治方法

①农业防治。选用抗（耐）虫水稻品种，合理施肥，使水稻生长发育健壮，防止前期猛发旺长，后期恋青迟熟。科学管水，适当调节搁田时间，降低幼虫孵化期田间湿度，或在化蛹高峰期灌深水2～3天，杀死虫蛹。

②保护利用天敌，提高自然控制能力。我国稻纵卷叶螟天敌

种类多达 80 余种，各虫期均有天敌寄生或捕食，保护利用好天敌资源，可大大提高天敌对稻纵卷叶螟的控制作用。卵期寄生天敌，如拟澳洲赤眼蜂、稻螟赤眼蜂，幼虫期如纵卷叶螟绒茧蜂，捕食性天敌如蜘蛛、青蛙等，对纵卷叶螟都有很大控制作用。

③化学防治。根据水稻分蘖期和穗期易受稻纵卷叶螟为害，尤其是穗期损失更大的特点。药剂防治的策略应狠治穗期受害代，不放松分蘖期为害严重代别的原则。药剂防治稻纵卷叶螟施药时期应根据不同农药残效长短略有变化，击倒力强而残效较短的农药在孵化高峰后 1 ~ 3 天施药，残效较长的可在孵化高峰前或高峰后 1 ~ 3 天施药，应根据实际，结合其他病虫害的防治，灵活掌握。必须掌握虫情、苗情和天气特点，抓紧幼虫在进入 3 龄以前（即叶尖初卷时）施药，亩用 25% 杀虫双水剂 200 ~ 250 毫升或 90% 巴丹可湿性粉剂 100 克，或 50% 乙酰甲胺磷 100 ~ 150 毫升或 58% 稻虫净可湿性粉剂 100 克，对水 50 ~ 60 千克喷杀。施药时间，在一天内以傍晚及早晨露水未干效果较好，晚间施药效果更好，阴天和细雨天全天均好。

三、北方水稻分蘖拔节期稻田诊断与减灾栽培

1. 壮苗标准

移栽后心叶生长迅速，7 ~ 8 天开始分蘖，各叶及叶鞘长度逐叶递增，叶色较深呈翠绿色，叶片不披垂，株型松散矮壮。诊断指标为栽后 7 ~ 8 天按 N – 3，6 叶蘖同伸规则发生分蘖；返青后叶色由淡绿转青绿，功能叶（顶 3 叶）叶色深于叶鞘色，顶 4 叶深于顶 3 叶叶色，叶片长度和叶耳间距逐渐递增，分蘖叉开、角度较大，株型松散，绿叶片数多；根系发达，根白色、有根毛，根基部橙黄色，无黑根。

2. 弱（病）苗类型与诊断

（1）迟发苗　迟发的秧苗，一般栽后叶耳间距能较快恢复，

正常递增,叶鞘叶能正常拉长,但是,个体发育不够健壮。最突出的表现是:栽后第二或第三出叶周期仍不发生分蘖。如5叶期移栽的秧苗,生长到7叶或8叶仍不发生分蘖,待第9叶甚至9叶以后,才有分蘖出生。

发生原因主要是土质硬板,整地质量差或栽后脱水过度,基肥、蘖肥用量不足,全田秧苗呈淡绿色,根系发育受阻,心叶包卷不紧,展开快。

病虫危害,如稻田期飞虱、稻蓟马等害虫较多,移栽前未能认真用药喷治,移栽后一方面稻苗受害加重,另一方面导致矮缩病等病害的发生。这类稻田苗表现为叶尖黄且多呈卷状。栽插过深或水温、地温过低。这类迟发苗叶色虽深,但叶片狭长且披,分蘖不能发生。

防治与转化措施:稻苗出现迟发现象后,应因苗促进。对因栽后脱肥或缺肥的田块,要及时灌水,追施速效性肥料;土质易硬板的砂土田,在带水整平后及时栽插深水秧;有稻蓟马为害的田块,要立即用药防治,深栽田要用农具疏松秧苗基部的泥土,使分蘖节处于通气良好的环境中;若因水温或地温过低所致,则要采用白天浅水增温,夜间深水保苗的办法,促进低位分蘖早生快发。

(2)深栽苗 形态特征:移栽后苗田露出土面部位比浅插苗矮1/4~1/3,返青后发棵迟,分蘖少,呈"一炷香"形状。拔节期后,拔起深栽植株,可见基部节间伸长,同时长出许多不定根,常称"二段根""三段根"。检查秧苗插得深浅,只要看秧苗的高度,如果有几行苗高比另外几行苗矮,这就是插得太深。

发生原因:一般有机质较多的湖塘淤土稻田,或第一年旱改水的稻田,因上水后耕耙次数过多,造成土层深而黏稠,此时移栽,常使栽插过深。

拔的秧苗不整齐或栽插方法不准确,如用"拳头秧""三指秧"栽插,易形成深栽苗。同时田面高低不平,脚印塘多,栽在脚印塘内的秧苗也易形成深栽苗。

防治措施：先整好田，达到田平、土熟，采用"蟹钳式"方法插秧，保证浅栽。不插拳头秧。所谓蟹钳秧是指三指头要捏住秧苗基部，两指头插入土中，大拇指顶到土面，这样才能插的浅而挺直。在估计可能会形成过烂的田块内，减少耕耙次数，不使土壤浮烂。

薄水栽秧：田间灌水不宜超过 1.7 厘米，不栽深水秧。栽插过深的田块，在秧苗活棵后要脱水露田，以增加土壤的通透性，以后进行浅水勤灌。同时要根据土壤中磷的含量，增施磷肥。

（3）植伤苗　形态特征：植伤苗一般发生在移栽稻上。植伤是指在移栽过程中使秧苗造成的损伤。其主要表现为叶片萎蔫，严重的叶片和叶鞘灼伤，活棵返青缓慢，分蘖少而迟。

发生原因：或施用二秧苗起身肥施用太早或用量太多，秧苗偏嫩。温度高、日照强、干燥天气、蒸发大，秧苗易失水，造成植伤；拔秧时，种板过硬，或施用二甲四氯不当，造成秧苗断根过多，不能抵抗高温和阳光所引起的失水，造成萎蔫；栽隔夜秧（拔秧到移栽超过一昼夜），也易造成植伤；上午栽秧植伤比傍晚栽秧植伤严重，无水栽秧或秧把倒卧在田中植伤较重，暴露在阳光正下的秧把植伤也较重。

防治措施：培育壮秧，增强抗植伤能力；小株拔秧，以免折断根、茎、叶。随拔随栽，不栽隔夜秧，最好上午拔秧，当天栽完；提高整地和栽插质量，秧苗带土移栽，能减轻植伤，有利于及时返青、早活棵；加强田间管理，栽后立即灌 3~7 厘米深水，保持 2~3 天，以减少秧苗叶片蒸腾；早施分蘖肥，促进早发。

（4）酸害苗　一般酸害苗，在插秧后当天或 1~2 天就会产生卷叶，稻苗从葱绿色转变为灰暗色，随后叶尖变成紫褐色，严重的进一步变黑色，全叶自顶端向下枯焦，新叶生出极少，即使伸出也不能持久。根生长慢而短，发根极差，但有少数根却伸得很长、很细，伸到深层土中。这些苗在枯死前，却不见矮小，较直立，无分蘖。死苗在田间呈斑状分布，并由从局部小面积开始

而后逐年扩大的趋势。严重时可以连片达数公顷。

（5）盐害苗　盐害主要是在盐碱地上种植水稻，或者是引用咸水灌溉所造成的水稻生理障碍。江苏沿海地区常常出现盐害现象，轻者造成减产，重者颗粒无收。水稻在不同生育阶段，盐害症状是不同的。

种子萌发阶段：因种子吸水速度严重受抑，种子出芽不齐。发芽势随盐分浓度增高而降低。盐分浓度过高，种子不发芽，致使种子在土壤中腐烂变黑。种子萌发后进入盐分敏感期：在芽期表现芽尖枯黄、弯曲，迟迟不能现青，甚至死亡。在2～3叶期表现焦头，叶片互相黏连。待秧苗恢复生机，叶片继续生长时，在黏连处不散开，造成所谓"带环"现象。在4～5叶期后（即秧田后期），表现生长缓慢，叶片发黄或发红，由叶尖向叶基或叶鞘蔓延，脚叶枯黄，严重的卷叶枯焦。根系发育不良，根尖黑褐色（生长正常的根尖为白色或浅黄色），严重时变黑腐烂。

移栽后受害，表现活棵迟，发根差；叶片呈淡黄色，心叶有萎蔫现象，并从脚叶开始渐次形成病斑。叶片先从叶尖开始变成黄褐色，由下而上的大量剥皮枯死。枯死叶呈白色倒在水面，受害秧苗根系变黑腐烂。

分蘖期及以后受害：表现分蘖伸长受抑，无效分蘖增多，枯株下部叶片发黄发红，并带有绣褐色斑点，心叶叶尖可结上"盐霜"，舔之有咸味。芽尖或嫩叶萎蔫而后根系和整株干枯而死亡。

（6）畸形苗　畸形苗的苗期、分蘖期和抽穗期均有可能形成。在苗期和分蘖期一般表现为畸形叶，形成"竹叶"或"管状叶"。"竹叶"指叶片明显变短变宽，叶片扭曲；"管状叶"指叶片和叶鞘愈合成管状，形如席草，萎缩畸形。畸形苗在抽穗期一般表现为畸形穗，稻穗扭曲变形变弯，形成翘头穗，空秕率增加，千粒重降低。

（7）霜霉病苗　霜霉病在秧苗后期开始表现症状，分蘖盛期症状显著。病株矮缩，叶片淡绿，呈斑驳花叶，斑点黄白色，圆形或椭圆形，排列不规则。孕穗后病株矮缩更为明显，株高仅为健壮植株的1/2，叶片短宽而肥厚。由于叶片黄化，故有时黄白斑点界限不明显。病株心叶黄色卷曲，抽出困难，下部叶片枯死。受害叶鞘略呈膨松，表面有不规则的波纹，有时扭曲。分蘖减少，所有分蘖均感病。重病株不孕穗，轻病株即使孕穗，也不能正常抽穗，常包裹在剑叶鞘中，或从叶鞘侧面露出，呈卷曲状，穗小但能结实。

（8）黄化苗　发病的植株生长不良，直立不披，叶片呈橙黄色。基部叶片开始变黄，后变橙色，并有不定型的锈斑，然后向植株上部叶片发展。病叶外观上绿下黄，全田病株分布均匀。发病植株根系发育不正常，不能正常抽穗，结实率低。

发病原因：该病属于黄化型病毒，由黑尾叶蝉、大斑黑尾叶蝉和二点黑尾叶蝉传毒。温度20~30℃范围内，病毒潜伏期较短，而温度在16℃以下，38℃以上叶蝉就不能传毒。病毒寄生在筛管细胞中，使筛管细胞受害而死。这样，叶子制造的养分不能往下输送，淀粉积累在上部叶片上。用碘—碘化钾溶液测定叶片的淀粉含量，可鉴定黄化病和矮缩病。

防治与转化措施：清除毒源和传毒媒介，主要是消除杂草；选用抗病品种；田间发现病株，先在病株周围喷药防治，然后拔去病株，防止扩展。药剂防治可用40%或50%马拉硫磷每亩用40~50克对水50千克喷雾；也可用20%乐果75~100克，对水50千克喷雾，或用50%西维因50克，对水50千克喷雾。

发病后排水露田，增施磷钾肥和因苗因土施用速效氮肥，促使病株恢复生机，减少损失。

（9）烧苗　受害稻株呈均匀的橙黄色，以后整张叶片转黄褐色，并自叶尖向下枯黄，严重的会枯死。一般是下部叶片受害严重。这种症状不同于其他病虫害引起的症状，它不会蔓延和转移，没有发病中心，新生叶绿色，有明显新老交替现象。

发生原因：硫酸铵或碳酸氢铵使用不当。在田内无水或叶片上有露水时使用，或中午使用，会使局部地段的稻苗熏伤；用量过多，造成土壤溶液浓度过大，超过根系细胞内的浓度，造成细胞水分外渗透而失水，形成烧苗。同时碳酸氢铵也易分解挥发出氨气，烧伤稻株茎叶。

防治与转化措施：施肥时保持田间有一定的水层，如果已出现烧苗，则要及时灌水；适量施肥，分蘖初期一般亩施尿素4~5千克，均匀撒施。夏季追施时最好在傍晚气温较低的时候施用。施用时可掺入少量干湿适中的细土，一起撒施，以免烧伤叶片。

（10）灼伤苗 水稻中上部叶片呈半透明不规则白斑，有时叶片在白斑折断枯死。有些叶片出现紫褐色不规则枯斑，严重的叶片枯死。有别于传染病害，症状不蔓延、不扩大，新生叶正常。

发生原因：由于叶片上有水珠，硫酸铵或碳酸氢铵肥料黏附在叶片上，肥料浓度过高，致使局部叶片的叶绿素遭受破坏，叶片失水过多而灼伤。

防治转化措施：施用硫酸铵等化肥应避免在早晨露水未干、雾气未散或雨后稻叶上存有水珠时进行；宜在傍晚前，温度降低时，尚未下露水前施用。

（11）绿麦隆药害苗 药害开始时叶尖表现深绿色，浸渍状，稻叶纵卷，4~6小时后叶尖枯黄，继而发白，并逐渐沿边缘向叶的中下部扩展，直至整个叶片变枯黄、发白。药害轻的水稻茎秆纤细，植株生长受抑；重的叶片枯萎、发白、生长僵滞，甚至伤及心叶，整株死亡。

【思考与练习】

1. 水稻苗期的生育特点有哪些？
2. 水稻苗期如何做好肥水管理？
3. 苗期育秧方式有哪些？
4. 水稻苗期主要的病虫害有哪些？如何防治？

模块五　北方水稻抽穗扬花期管理技术

【学习目标】

1. 了解水稻抽穗扬花期生育特点，掌握肥水管理关键技术
2. 熟悉水稻抽穗扬花期病虫害特征，掌握其防治方法
3. 掌握水稻抽穗扬花期稻田的诊断技术

一、北方水稻抽穗扬花期生育特点与水肥管理

1. 水稻抽穗扬花期生育特点

这个阶段水稻生长的主要特点是营养生长和生殖生长并进，是穗粒数的定型期，也是为灌浆结实奠定基础的时期。

（1）茎秆的形成　穗分化期也是节间伸长期，所以，又称拔节长穗期或拔节孕穗期。水稻基部节间不伸长形成分蘖节。拔节后地上部的几个节间伸长，称为伸长节，几个伸长节构成茎秆，当茎秆基部第一个节间伸长达1.5~2.0厘米，外形由扁变圆，便叫做"拔节"，亦称"圆秆"。全田有50%稻株拔节时，称为拔节期。伸长节间自下而上顺次变长，而粗度变细。水稻主茎伸长节一般早熟种3~4个，中熟种5~6个，晚熟种6~7个。

（2）叶层分工　水稻穗分化期明显地出现"叶层分工"。这时上层叶片制造的养料主要向当时的生长中心幼穗输送，下层制造的养料则主要供应基部节间和根系的生长。因此，如果群体叶面积过大，封行过早，使下层叶片过早衰老枯黄，便会影响基部节间粗壮和根系的发育。而根系活力的早衰，不仅影响当时幼穗发育，亦是后期植株早衰、结实不好的一个主导因素。反之，封

行过晚，叶面积不足，养分的制造和积累少，亦会影响壮秆大穗。一般以剑叶露尖时封行比较合适，这是茎秆基部节间已基本定型，而幼穗分化则正是需要有较大的叶面积提供大量养料的时候。

（3）穗分化期 稻穗构造属圆锥花序。有一主梗叫穗轴，轴上有节叫穗节。

第一苞原基分化期：这个时期在基生长锥基部产生环状突起，这个突起叫第一苞原基，它标志着幼穗分化开始。

第二枝梗原基分化期：第一苞分化后，不断增大形成环状，绕抱生长点的基部、生长点也增大，并相继分化第二苞、第三苞原基。

第二次枝梗原基和颖花原基分化期：第一枝梗原基分化结束后，在其顶端分化出第二次枝梗，第三次枝梗原基分化顺序是从上而下。

雌雄蕊形成期：首先穗顶端第一次枝梗顶部的小穗开始分化雌雄原基，被内外稃所包围。雌雄蕊分化顺序由上而下。

花粉母细胞形成期：花粉是在花药中形成和发育的，成熟的花药内有 4 个花粉囊，花粉囊内有造孢细胞，花粉母细胞是由造孢细胞发育成的。

花粉母细胞减数分裂：随着花粉母体积增大，颖花长度达到最终长度的 1/2 时，花粉母细胞进行减数分裂，形成单倍染色体的四分体（染色体数目减半）。

花粉内容充实期：四分体分散形成小单核花粉、单核花粉发育，并进行一次有丝分裂，形成一个生殖核和营养核，生殖核又进行有丝分裂，形成两个精子，这时花粉迅速积累淀粉。

花粉完熟期：颖花在抽穗前 1～2 天，花粉充实完毕，变成浅黄色。水稻幼穗分化要经过 30 天左右才能完成。

2. 北方水稻抽穗扬花期水肥管理

在水稻抽穗扬花阶段农业栽培目标是在保蘖增穗的基础上促

进壮秆、大穗、防徒长和倒伏。这一时期也是水稻营养生长和生殖生长并进时期，地上部茎叶迅速增大，最长叶片相继出生，全田叶面积达最高，地下根部生长量最大。同时穗分化迅速。地上部分干物质的积累占水稻一生总量的50%左右，也是需肥量最多的时期。

在水稻抽穗扬花期水分管理要做到协调好生理需水旺盛和根系需氧量大的矛盾。前期维持湿润，保持通气良好，后期适当建立浅水层，一般保水10天晾田3~5天至抽穗。

在肥料管理上主要做好施促花肥和保花肥。促花肥是在第一苞分化期至第一次枝梗分化期施用。保花肥有效施肥期是雌雄蕊形成期到花粉母细胞形成之间（抽穗前18天，此时幼穗长度达1.0~1.5厘米）。施促花肥要稳，主要施用尿素和氯化钾，为争取较大的稻穗。保花肥为满足水稻生长每亩施用尿素5.0~7.5千克，氯化钾5千克。氮肥施用不宜过多，以防后期贪青。

二、北方水稻抽穗扬花期病虫害识别与防治

水稻进入抽穗扬花期，叶片生长停止，颖花发育完成，茎秆伸长到最高度，生长中心由前一段的穗分化转为穗粒生长，是决定结实粒数多少的关键时期。此时管理的重点是防治病虫害。

（一）北方水稻抽穗扬花期主要病害

1. 水稻稻瘟病

（1）症状识别　稻瘟病是水稻上的主要病害，从秧苗期到抽穗结实期都会受害。因病菌侵害水稻的部位和生育期不同，症状表现有以下几种。

①苗瘟：用带病种子播种，种子发芽不久就会发病，病菌侵染幼苗基部，出现灰黑色水渍状病斑，使幼苗卷缩枯死，严重时成团枯死，似火烧。

②叶瘟：在大田稻株叶片上，主要有两种类型的病斑。急性型病斑：病斑暗绿色圆形或椭圆形，或呈不规则的暗绿色水渍状，病斑上密生灰绿色霉层。慢性型病斑：病斑中央灰白色，边缘红褐色，外有黄色晕圈，棱形或长棱形，病斑两端有一条褐色纵线，称为坏死线。天气潮湿时，病斑也可以产生青灰色的霉层。

③节瘟：病斑初期在节上产生针头大的褐色小点，以后逐渐扩大，围绕全节变黑、干枯、下陷，最后全节腐烂，折断倒伏。

④穗颈瘟：发生在穗颈节上，病斑灰黑色或淡褐色，发病早而严重的全穗变白，极象螟虫为害的白穗，发病迟的可使谷粒不饱满，造成减产。此外，在枝梗上和谷粒上也会发生枝梗瘟和谷粒瘟。

一般气温在24～28℃，相对湿度在90%以上，或叶片上有水珠，阴雨连绵，雾多露重，最适宜病菌产生孢子和侵入为害。

（2）稻瘟病的防治

①农业防治：选用高产抗病或耐病品种是防治稻瘟病最经济有效的措施。例如目前推广的剑粳3号、剑粳6号、剑粳7号等品种，性能好，米质优又比较抗病；加强栽培管理，提倡多施有机肥料，施足基肥，早施追肥。氮、磷、钾肥按比例配方施用，不偏施氮肥；及时处理病稻草并进行种子处理。

②药剂防治：叶片中心病团出现时，亩用40%硫环唑150～200克或75%三环唑20～30克等药剂，对水50千克喷雾；穗瘟防治对象田，在水稻孕穗末期和齐穗期，亩用40%硫环唑150～200克或75%三环唑20～30克等药剂，对水50千克喷雾。

2. 水稻纹枯病

俗称"花足秆"，是水稻重要病害之一。近年来由于干旱农业用水紧张，一来水时大部分种植户总要多灌一些，担心干了没水灌以及栽培密度加大和施肥水平提高等原因，稻纹枯病的发生面积逐年增加，为害程度越来越重，轻者影响谷粒灌浆；重者引起植株枯萎倒伏，不能抽穗或抽穗而不结实；重田块减产可达五成以上。

（1）症状识别　稻纹枯病是一种高温、高湿的病害，一般在分蘖末期开始发病，圆秆拔节到抽穗期盛发。发病初期，先在近水面的叶鞘上发生椭圆形暗绿色的水渍状病斑，以后逐渐扩大成为云纹状，中部灰白色，潮湿时变为灰绿色。病斑由下向上扩展，逐渐增多。叶上病症与叶鞘病斑相似。穗颈受害变成湿润状青黑色，严重时全穗枯死。高温高湿时，病部的菌丝在表面集结成团，先为白色，以后变成黑褐色的菌核，成熟后易脱落，掉入水中。

（2）防治措施

①减少菌源：稻田深耕，将病菌的菌核深埋土中，稻田整地灌水后，捞去浮渣以减少发病来源。结合积肥，铲除田边杂草，消灭病菌的野生寄主。

②加强栽培管理：以合理密植为中心，采取相应肥水管理措施，施足基肥，根据苗情适时追肥，防止"轰过头"，增施磷钾肥；生长前期，浅水勤灌，中期适时搁田，后期干干湿湿，使水稻稳长不旺，后期不贪青、不倒伏，增强植株抗病力。

③药剂防治：用5%的井岗霉素500倍液或50%甲基托布津可湿性分剂1 000倍液喷雾防治，喷雾时以喷醋雾点为好。一般掌握在病情激增期活穴发病率为15%左右时进行第一次用药，以后每10天左右再喷一次。

3. 稻曲病

（1）症状识别　水稻主要在抽穗扬花期感病，病菌为害水稻谷粒。病菌在颖壳内生长，开始时受侵害谷粒颖壳稍张开，露出淡黄绿色块状物，以后逐渐膨大，最后将全部颖壳包裹起来，形成"稻曲"。稻曲比谷粒大3～4倍，形状近球形，表面平滑，颜色是黄色并且有薄膜包被。随着稻曲逐渐长大，薄膜开裂，颜色转为黄绿或墨绿色，表面龟裂。孢子略带黏性，不易飞散，但可以因为风雨而从稻粒上脱落。稻粒患病后出现霉变，造成空秕率增多，粒重下降，使加工后大米整米率下降，青米率、死米率、乳白米率升高，并严重污染稻谷，影响米质。

（2）防治方法

①农业防治：水稻品种间抗性差异明显，选用抗病良种是防治稻曲病经济有效的措施。抗病品种主要有临稻6号、汕优45、广二104、M112、754、80－27、双糯4号、威优29、九一晚、水晶稻、汕窄8号等；选择没有发生稻曲病的田块作为留种田，这样收获后可以得到没有病菌的种子，用这些健康的种子播种可以在一定程度上降低发病率。幼苗长成后适时移栽，尽量错开水稻抽穗期与稻曲病菌高发期，确定合理的栽插密度，避免田间严重郁蔽，通风透光差；栽插前要施足基肥，基肥要以农家肥为主，配合磷钾肥混合施用，少施氮肥，慎重施用穗肥；增施硅肥，可以大大提高水稻抗病能力，对稻曲病的防治效果可以达到80%以上。针对稻曲病的"边际效应"，田边的施肥量要相对减少；水稻播种前要注意清除病株和田间的病源物。发病的稻田在水稻收割后要深翻晒田，以便将菌核埋入深土中；适时晒田，齐穗后干湿交替，收割前7天断水。及时摘除病粒，带出田外深埋或烧毁。

②种子处理：水稻在播种前晒种1~2天，用清水浸泡24小时，然后再用3%~5%的生石灰水浸种3~5小时，也可以用50%多菌灵500倍液浸种24小时，都可以收到良好的抑制稻曲病病菌的效果，药液要盖过稻种，放置一段时间，不要搅动。还可以按照用15%三唑醇粉剂1~1.5克拌种子1千克的比例进行拌种，放置24~48小时后不经催芽直接播种，防治效果也不错。

③大田施药防治：针对发病品种和易发病阶段，结合田间病情和天气情况，适时施用药物防治。用药适宜时期在孕穗后期，也就是破口前5天左右。如果需要防治第二次，则在水稻破口期，水稻破口50%左右施药。

大田防治第一次施药效果最好，每亩用 50~60 千克的 1：1：500 的石灰倍量式波尔多液喷雾防治，或每亩用 100~150 克 50% 多菌灵可湿性粉剂对水 50~60 千克喷雾，会起到很好的防治效果。

第二次防治可以每亩用 150~200 克 5% 井冈霉素粉剂对水 50 千克喷雾防治，还可以兼治水稻纹枯病、紫秆病和小粒菌核病，也可以每亩用 75 毫升 20% 三唑酮乳油对水 75 千克喷雾防治。大田防治稻曲病要抓住这两个关键时期，如果等到齐穗后再防治，效果就较差了。

（二）北方水稻抽穗扬花期主要虫害

1. 水稻稻飞虱

（1）形态特征及发生规律　稻飞虱口呈针状，头部较尖，触角粗短且末端有 1 根刚毛，后足胫节末端的内侧有粗刺。有长翅型和短翅型两种成虫。卵呈长椭圆形，一端稍大，初产时乳白色，后转淡黄，近孵化时会出现红色眼点。卵成块产于叶鞘或叶脉两侧的脉间。稻飞虱长翅型迁入稻田后，最初在稻丛基部繁殖为害，大量繁殖短翅型，然后为害全株，由于大量吸食稻株汁液以及产卵时所造成的伤痕，可造成稻株基部茎枯黄倒伏，籽粒不实，甚至引起严重减产。稻飞虱喜温爱湿，在适温范围内，湿度越大越利于发生。夏季多雨，有利于稻飞虱的发生，种植过密，长势过旺，直穗品种有利于其发生。

（2）防治方法　做到基肥足，追肥及时，田间灌溉浅灌勤灌，以防水稻贪青徒长，降低田间湿度；稗草是稻飞虱的中间寄主，及时防除杂草，可减轻其发生程度。稻飞虱一般在水稻抽穗期前后发生，防治药剂为 10% 虫啉可湿性粉剂，每亩 10 克喷雾。

2. 稻纵卷叶螟

（1）形态特征　成虫长 7~9 毫米，淡黄褐色，前翅有两条褐色横线，两线间有 1 条短线，外缘有暗褐色宽带；后翅有两条横线，外缘亦有宽带；雄蛾前翅前缘中部，有闪光而凹陷的"眼点"，雌蛾前翅则无"眼点"。卵长约1毫米，椭圆形，扁平而中稍隆起，初产白色透明，近孵化时淡黄色，被寄生卵为黑色。幼虫老熟时长14～19毫米，低龄幼虫绿色，后转黄绿色，成熟幼虫橘红色。蛹长7～10毫米，初黄色，后转褐色，长圆筒形。

（2）为害症状　幼虫为害水稻，初孵幼虫先在心叶、叶鞘内或叶片表面取食叶肉。2龄以后吐丝缀稻叶两边叶缘，纵卷叶片成圆筒状虫苞，幼虫藏身其内啃食叶肉，留下表皮呈白色条斑。水稻苗期受害重的稻苗枯死；分蘖期受害，分蘖减少，生育期推迟，抽穗不完全；穗期受害，影响正常抽穗结实，秕谷率增加，千粒重降低，导致严重减产。以孕、抽穗期受害损失最大。

（3）防治方法

①农业防治：选用抗（耐）虫水稻品种，合理施肥，使水稻生长发育健壮，防止前期猛发旺长，后期恋青迟熟。科学管水，适当调节搁田时间，降低幼虫孵化期田间湿度，或在化蛹高峰期灌深水2～3天，杀死虫蛹。

②保护利用天敌，提高自然控制能力：我国稻纵卷叶螟天敌种类多达80余种，各虫期均有天敌寄生或捕食，保护利用好天敌资源，可大大提高天敌对稻纵卷叶螟的控制作用。

③化学防治：根据水稻分蘖期和穗期易受稻纵卷叶螟为害，尤其是穗期损失更大的特点，药剂防治的策略，应狠治穗期受害代，不放松分蘖期为害严重代别的原则。常用药剂为杀虫双、杀虫单、特杀螟、三唑磷等。

3. 二化螟

（1）形态特征　成虫：雄蛾体长10～13毫米，翅展20～24毫米，头、胸部背面淡褐色；前翅近长方形，黄褐色或灰褐色，翅面密布不规则褐色小点，外缘有7个小黑点，中室顶角有紫黑色斑点1个，其下方有斜行排列的同色斑点3个；后翅白色，近外缘渐带淡黄褐色。雌蛾体长10～14毫米，翅展22～36毫米；

头、胸部黄褐色，前翅黄褐或淡黄褐色，翅面褐色小点不多，外缘亦有小黑点 7 个，后翅白色，有绢丝状光泽。卵椭圆形，扁平，初产时乳白色，渐变为茶褐色，近孵化时变为灰黑色。卵块略呈长椭圆形，卵粒排列呈鱼鳞状。老龄幼虫长 18～30 毫米，头部淡红褐色或淡褐色；胸、腹部淡褐色，前胸盾板黄褐色，背线，亚背线和气门线暗褐色；腹足趾钩为异序全环，亦有缺环。蛹体圆筒形。棕色至棕红色，后足不达翅芽端部。

（2）防治方法

①做好发生期、发生量和发生程度预测。

②农业防治：合理安排冬作物，晚熟小麦、大麦、油菜、留种绿肥要注意安排在虫源少的晚稻田中，可减少越冬的基数。对稻草中含虫多的要及早处理，也可把基部 10～15 厘米先切除烧毁。灌水杀蛹，即在二化螟初蛹期采用烤、搁田或灌浅水，以降低化蛹的部位，进入化蛹高峰期时，突然灌深水 10 厘米以上，经 3～4 天，大部分老熟幼虫和蛹会被灌死。

③根据种群动态模型用药防治：在二化螟一代多发地区，要做到狠治 1 代；在 1～3 代为害重地区，采取狠治 1 代，挑治 2 代，巧治 3 代。第 1 代以打枯鞘团为主，第二代挑治迟熟早稻、单季杂交稻、中稻。第三代主防杂交双季稻和早栽连作晚稻田的螟虫。在早、晚稻分蘖期或晚稻孕穗、抽穗期螟卵孵化高峰后 5～7 天，枯鞘丛率 5%～8%或早稻每亩有中心为害株 100 株或丛害率 1%～1.5%或晚稻为害团高于 100 个时，每亩应马上用 80%杀虫单粉剂 35～40 克或 25%杀虫双水剂 200～250 毫升，或 50%杀螟松乳油 50～100 毫升，或 90%晶体敌百虫 100～2 008 对水 75～100 千克喷雾，或喷洒 1.8%农家乐乳剂（阿维菌素 B1）3 000～4 000 倍液，或 42%特力克乳油 2 000 倍液。也可选用 5%锐劲特胶悬剂 30 毫升或 20%三陡磷乳油 100 毫升对水 50～75 千克喷雾或对水 200～250 千克泼浇，也可对水 400 千克进行大水量泼浇，此外，还可用 25%杀虫双水剂 200～250 毫升或 5%杀虫双

颗粒剂 1~1.5 千克拌湿润细干土 20 千克制成药土，撒施在稻苗上，保持 3~5 厘米浅水层持续 3~5 天可提高防效。把杀虫双制成大粒剂，改过去常规喷雾为浸秧田，采用带药漂浮载体防治法能提高防效。杀虫双防治二化螟还可兼治大螟、三化螟、稻纵卷叶螟等，对大龄幼虫杀伤力高、施药适期弹性大，但要注意防止家蚕中毒。

4. 三化螟

三化螟俗称"钻心虫"，只为害水稻，以幼虫危害造成枯心苗和白穗，影响水稻产量。

（1）三化螟的识别发生

典型特征：雌蛾前翅中央有 1 个黑点，雄蛾不明显。雄蛾翅顶有 1 条黑色斜带纹，沿外缘有 7 个小黑点。

生活习性：成虫趋光性强以上半夜扑灯的成虫最多。雌蛾在秧田多产卵在叶片近尖端处，在大田多产在叶片的中上部反面。初孵出的蚁螟在稻株上爬行，或吐丝下垂，随风飘到邻近的稻株上，蚁螟注入稻苗为害，造成枯心苗，破口抽穗的稻株，蚁螟注入为害，造成白穗。

发生规律：根多年观测结果表明，北方一年发生 3~4 代，在秧田期的 5 月下旬到 6 月上旬发生第一代，分蘖盛期 7 月上、中旬发生第二代，破肚期 8 月上旬发生第三代，有的年份 9 月中、下旬出现第四代幼虫。孵化时间：第一代为 12~14 天，第二、第三代均为 9~10 天。

（2）防治措施

①农业防治：适当推迟播期，使越冬代三化螟成虫找不到适当的产卵场所，可压低害虫基数；及时翻犁晒田，降低虫源基数。随着免耕技术推广和冬闲田面积扩大，为稻螟虫安全越冬创造了极好条件，应及时翻犁晒田，铲除田边沟边杂草，改变害虫生存环境，降低虫源基数；翻耕灌水防螟虫。冬闲田在冬季或早春季节翻耕灌水，处理带虫稻草，降低虫源基数。

②人工防治：在螟卵高峰期采用人工摘除卵块，可大大降低虫口基数。

③生物防治：放鸭吃虫。实行稻鸭共育技术，鸭子可捕食大部分飞虱、螟虫、金龟子等害虫；保护利用天敌。创造有利于天敌栖息、繁殖的生态环境，并使用选择性农药保护天敌。

③物理防治：示范推广性诱剂防治水稻螟虫。利用性诱剂诱杀水稻螟成虫，减少产卵，降低危害。

④化学防治：防治时期为第一、第二代三化螟应在卵孵盛期，第三代应在水稻破口初期，隔 4～5 天后进行第二次用药。药剂防治常用农药有：巴丹、杀虫单、杀虫双、特杀螟、丙溴磷等。

三、北方水稻抽穗扬花期稻田诊断与减灾栽培

1. 壮株标准

拔节初叶色青绿，顶 3 叶色与顶 4 叶色相近，叶片不披垂，单茎有弹性，基部粗壮，节间短，白根多。诊断指标在：拔节前后叶色淡绿，近看青绿色，孕穗期转青绿；单位面积茎蘖数在穗分化形成期为适宜穗数的 1.3～1.5 倍内。

2. 弱（病）苗类型与诊断

（1）过旺苗

①形态特征：叶片长而披软，叶色过深，鞘色比叶色淡，后生小分蘖多，稻脚不清楚，茎秆柔软。

②发生原因：栽插基本苗过多，分蘖肥早而多，致使大量无效分蘖孳生，上部叶片徒长，封行过早，中下部叶片受光不良，叶片过早枯萎早衰，茎秆基部节间充实不良，直接影响根系吸收能力。

③转化措施：一旦出现旺苗就要立即重烤田，以促使叶片落黄挺立。拔节后期要控制穗肥的使用，做到叶色不落黄施用。

（2）弱苗

①形态特征：叶色过早落黄，叶片直立，分蘖少而小。封行

推迟，影响成穗数。

②发生原因：主要是地力瘠薄，分蘖期严重缺肥。

③转化措施：重视培养地力，增施磷、钾肥。早期分蘖肥，一般在有效分蘖临界叶龄前期两个叶龄施用为好。如果在有效分蘖临界期苗数偏少，轻搁田后就要早施穗肥；如果拔节期群体小，个体苗弱，则应当重施、早施穗肥，以巩固分蘖，减少分化颖花退化，争取大穗。

（3）剑叶鞘腐败病苗　水稻孕穗期病害在剑叶鞘上发生，初为暗褐色斑点，扩大后为老虎斑状大型斑纹，边缘暗褐色或黑褐色，中间色较淡。严重时病斑蔓延整个叶鞘，使幼穗全部或局部腐烂，形成半抽穗或不抽穗。即使抽出全穗的，剑叶鞘叶变长紫褐色，形成紫秆。

【思考与练习】

1. 水稻穗分化期的形态特征有哪些？

2. 水稻纹枯病的典型症状是什么？如何防治？

3. 水稻抽穗扬花期病弱苗如何诊断？

模块六 北方水稻灌浆结实期生产管理技术

【学习目标】

1. 掌握水稻灌浆结实期生育特点
2. 掌握水稻灌浆结实期病虫害发生特点及防治方法
3. 掌握水稻灌浆结实期稻田的诊断标准及减灾措施

一、北方水稻灌浆结实期生育特点与水肥管理

1. 生育特点

水稻抽穗结实期是以生殖生长为主的阶段，根、茎、叶等营养器官的生长基本停止。一切生理活动都围绕灌浆结实进行，根部吸收的养料、养分及叶片的光和产物、茎秆叶鞘中积累的养分都向穗部运转，籽粒的生长和充实成为稻株生长和物质积累的中心。这个时期是决定粒重、结实率的关键时期，此期保持群体较高的绿叶面积以及较长的功能叶寿命，以维持较高的光合生产率，对夺取水稻高产极为重要。植株早衰或贪青，都会影响灌浆结实，造成空秕率增加和千粒重下降。

2. 水肥管理

（1）水分管理 灌浆期对水分的要求，仅次于拔节孕穗期和分蘖期。此期水分不足会影响叶片同化能力和灌浆物质的运输，导致灌浆不足，不仅会造成减产，还会影响稻米品质。

（2）养分 灌浆期间叶片含氮量与光和能力之间有密切的关系，适当氮肥可增强单位叶面积的光合作用，灌浆期间维持最大

绿叶面积，防止叶片早衰，提高根系活力，有利于提高产量。但过量施氮，会导致贪青晚熟，不仅影响产量，还会降低稻米品质。因此，生产上常采用根外追肥的方式，根据稻株生长情况适量补肥，采取补施磷、钾肥等手段，以确保灌浆过程的正常进行。

二、北方水稻灌浆结实期病虫害识别与防治

（一）北方水稻灌浆结实期主要病害

1. 水稻纹枯病

（1）症状识别 水稻纹枯病又称云纹病（图 6-1），苗期至穗期都可发病。叶鞘染病在近水面处产生暗绿色水浸状边缘模糊小斑，后渐扩大呈椭圆形或云纹形，中部呈灰绿或灰褐色，湿度低时中部呈淡黄或灰白色，中部组织破坏呈半透明状，边缘暗褐。发病严重时数个病斑融合形成大病斑，呈不规则状云纹斑，常致叶片发黄枯死。叶片染病病斑也呈云纹状，边缘褪黄，发病快时病斑呈污绿色，叶片很快腐烂，茎秆受害症状似叶片，后期呈黄褐色，易折。穗颈部受害初为污绿色，后变灰褐，常不能抽穗，抽穗的秕谷较多，千粒重下降。湿度大时，病部长出白色网状菌丝，后汇聚成白色菌丝团，形成菌核，菌核深褐色，易脱落。高温条件下病斑上产生一层白色粉霉层即病菌的担子和担孢子。

（2）防治方法

①农业防治。选用抗病品种，生产上结合当地自然条件选用耐病品种；要每季大面积打捞菌核并带出田外深埋，减少菌源；加强栽培管理，施足肥，追肥早施，不可偏施氮肥，增施磷钾肥，采用配方施肥技术，使水稻前期不披叶，中期不徒长，后期不贪青。灌水做到分蘖浅水、够苗露田、晒田促根、肥田重晒、

图6-1 水稻纹枯病

瘦田轻晒、长穗湿润、不早断水、防止早衰，要掌握"前浅、中晒、后湿润"的原则。

②药剂防治。抓住防治适期，分蘖后期病穴率达15%即施药防治。首选广灭灵水剂500~1 000倍液或5%井冈霉素100毫升对水50升喷雾或对水400升泼浇。或每亩用20%粉锈宁乳油50~76毫升，或50%甲基硫菌灵或50%多菌灵可湿性粉剂100克，或30%纹枯利可湿性粉剂50~75克，或50%甲基立枯灵（利克菌），或33%纹霉净可湿性粉剂200克，每亩用药液50升。也可用20%稻脚青（甲基砷酸锌）或10%稻宁（甲基砷酸钙）可湿性粉剂100克对水100升喷施，或对水400~500升泼施，或拌细土25千克撒施。还可用5%田安（甲基砷酸铁胺）水剂200克对水100升喷雾或对水400升浇泼，或用500克拌细土20千克撒施，注意用药量和在孕穗前使用，防止产生药害。发病较重时，可选用20%担菌灵乳剂每亩用药125~150毫升或用75%担菌灵可湿性粉剂75克与异稻瘟净混用有增效作用，并可兼治稻瘟病。还可用10%灭锈胺乳剂每亩250毫升或25%禾穗宁可湿性粉剂每亩用药50~70克，对水75升喷雾，效果好药效长，也可选用77%护丰安（氢氧化铜）可湿性粉剂700倍液或绿邦98水稻专用型600倍液或25%粉锈宁可湿性粉剂100克对水75升分

别在孕穗始期、孕穗末期各防 1 次，对病穴率、病株率及功能叶鞘病斑严重度，防效都很显著，有效地保护功能叶片。选用 25%敌力脱乳油 2 000 倍液于水稻孕穗期一次用药能有效地防治水稻纹枯病。

2. 水稻的稻曲病

（1）症状识别　稻粒黑稻曲病又称青粉病、伪黑穗病，多发生在收成好的年份，故又名丰收果，属真菌病害。主要在水稻孕穗后期—抽穗扬花期感病，为害穗上部分谷粒，少则每穗 1 ~ 2粒，多则可有 10 多粒甚至几十粒。受害病粒菌丝在谷粒内形成块状，逐渐膨大，形成比正常谷粒大 3 ~ 4 倍的菌块，颜色初为乳白色，逐渐变为黄色、墨绿色、黑色，最后孢子座表面龟裂，稻曲病症状散出墨绿色粉状物，有毒。孢子座表面可产生黑色、扁平、硬质的菌核（图 6 - 2）。

图 6 - 2　水稻稻曲病

（2）防治措施

①带稻曲病菌种子的药剂处理：12% 水稻力量乳油 70 毫升对水 50 千克浸种，或每 100 千克种子用 15% 三唑酮可湿性粉剂300 ~ 400 克拌种，或用 70% 抗菌素 402 的 2 000 倍液浸种，或用50% 多菌灵可湿性粉剂 500 倍液浸种 60 ~ 70 千克，或用 40% 多

福粉 500 倍液浸种，均浸 48 小时，浸后捞出催芽、播种。

②稻曲病大田防治：大田防治稻曲病宜在孕穗后期或破口期前 5 ~ 7 天打药预防。始穗—齐穗再防 1 次。重点是感病品种，往年发病重的田块，施氮过多植株嫩绿，气候适宜（温暖、阴雨）的条件需预防，或听从当地植保人员指导进行防治。具体方法是在水稻孕穗后期（始穗前 4 ~ 5 天）和破口期（抽穗 50% 左右），每亩用 5% 井冈霉素水剂 300 ~ 400 毫升，或用 25% 三唑酮（粉锈宁）可湿性粉剂 75 克，或用 15.5% 保穗宁（三·井）可湿性粉剂 100 ~ 120 克，或 23% 满穗悬浮剂 5 毫升，或用 20% 瘟曲克星可湿性粉剂 100 克，或用 30% 禾穗清 70 ~ 80 克，或用 30% 爱苗粉剂 15 克，均对水 60 ~ 70 千克各喷雾 1 次，间隔期为 7 ~ 10 天，能兼治水稻中后期多种病害。

3. 水稻的稻瘟病

（1）症状识别　稻瘟病又名稻热病、火烧瘟、叩头瘟，真菌性病害，可种子带菌。根据病害发生的时期和为害部位不同，稻瘟病可分为：苗瘟、叶瘟（普通型、急性型、白点型、褐点型）、节瘟（叶枕瘟）、穗颈瘟、枝梗瘟、谷粒瘟。最主要的是叶瘟和穗颈瘟。叶瘟典型病斑为牛眼状，初为铁锈红色，后期中间枯白；穗颈瘟是水稻穗颈部受到病原菌侵染，变成鼠灰色或黑褐色死亡，造成白穗或秕谷。

（2）防治措施　稻瘟病的防治宜采取抗性品种、农业和耕作措施与化学防治相结合。

①农业防治。选用适合当地的抗病品种，注意品种合理配搭与适期更替；加强对病菌小种及品种抗性变化动态监测。加强测报，及时喷药防治。

②化学药剂防治。稻瘟病应根据不同发病时期采用不同的方法，选择不同的药剂及时、准确地用药进行防治。

带菌种子的药剂处理：用 70% 抗菌素 402 液剂 2 000 倍液浸种，或用 45% 扑霉灵 3 000 倍液浸种，或用 40% 多福粉 500 倍液

图 6 - 3 水稻稻曲病

浸种，均浸 48 小时后捞出催芽、播种。早、晚稻秧床作"面药"，每亩用40%三环唑可湿性粉剂40克，先用少量水将药粉调成浓浆，然后对水40千克均匀浇泼在秧床上。

防治苗、叶瘟：在发病初期用药，本田从分蘖期开始，如发现发病中心或叶片上有急性病斑或有发病中心的稻田，即应打药防治。每亩用20%三环唑可湿性粉剂100克，或用40%异稻瘟净乳油150 ~ 200 毫升，或30%稻瘟灵乳油120 ~ 150 毫升，或用60%防霉宝可湿性粉剂60克，均对水50 ~ 60千克细雾均匀喷雾。

防治穗颈瘟：着重在抽穗期进行预防保护，破口期和齐穗期是防治适期。或当孕穗末期叶病率在2%上、剑叶发病率在1%以上，或周围田块已发生叶瘟的感病品种田和施氮过多、生长嫩绿的稻田、往年发病较重的田块用药2 ~ 3次，间隔期为10天左右。每亩用20%三环唑可湿性粉剂100克，或用40%稻瘟灵乳油（粉剂）100毫升，或75%丰登可湿性粉剂每亩30克，或40%富士1号亩用100克，均对水60 ~ 70千克细雾均匀喷雾。

注意事项：三环唑属于预防性杀菌剂，对预防水稻稻瘟病有特效，治疗效果较差，一般应在病害发生前使用，特别是防治穗颈瘟，一定要在破口初期使用；宜用雾均匀喷于稻株上部。

（二）北方水稻灌浆结实期主要虫害

1. 稻纵卷叶螟

（1）形态特征 稻纵卷叶螟属食叶性害虫，完全变态昆虫，从卵→幼虫→化蛹→成虫（蛾）为一个世代。初孵幼虫一般先爬入水稻心叶或附近叶鞘或旧虫苞中，虫量大时亦可几头幼虫聚集在叶尖、叶片一侧边缘小虫苞，2龄幼虫则一般在叶尖或叶侧结小苞，3龄开始吐丝缀合叶片两边叶缘，将整段叶片向正面纵卷成苞，一般单叶成苞，少数可以将临近数片叶缀合成苞。幼虫取食叶片上表皮与叶肉，仅留下白色下表皮及叶脉，虫苞上显现白斑。为害严重时，田间虫苞累累，甚至植株枯死，一片枯白。使水稻无法进行光合作用，造成空壳率增加，千粒重降低，对产量影响很大（图6-4）。

图6-4 稻纵卷叶螟

（2）防治方法 在防治上要综合考虑，在达到防治指标时才打药防治。

①农业防治。合理施肥，防止偏施氮肥或施肥过迟。结合稻田管理，在幼虫孵化期间烤田，或在化蛹盛期灌水，减轻受害

程度。

②物理防治。安装频振式杀虫灯诱杀成虫、稻田养鸭、保护青蛙等都有较好的防治效果，可有效减少下代虫源。

③生物防治。具体方法是每亩用杀螟杆菌、青虫菌等含活孢子量 100 亿/克的菌粉 150~200 克，对水 60~75 千克喷雾，也可在产卵始盛期至高峰期分期分批释放赤眼蜂，每亩每次放 3 万~4 万头，隔 3 天 1 次，连续 3 次。

④药剂防治。在分蘖期有效虫量 40 头/百丛、穗期 20 头/百丛以上即可防治，以幼虫盛孵期或 2、3 龄幼虫期高峰期为宜。亩用 5%氟虫腈胶悬剂 20~30 毫升，或用 25%毒死蜱乳剂每亩 70~80 毫升，或用 80%杀虫单粉剂 35~40 克，或用 25%杀虫双水剂 150~200 毫升（蚕桑区可改用 5%杀虫双颗粒剂 1.5 千克加湿润细土撒施）等。上述喷雾每亩用水 50~60 千克，施药时田间保水 1~2 寸（寸为非法定计量单位，1 寸 = 3.3 厘米），施药后 6 小时内遇大雨需补防 1 次。

2. 稻飞虱

稻飞虱为刺吸性吸汁害虫，属不完全变态昆虫，一个世代只有卵→若虫→成虫。主要包括褐稻虱、白背飞虱、灰飞虱，前两者直接为害水稻造成减产，后者主要传播条纹叶枯病病毒，下面主要介绍褐稻虱和白背飞虱（图 6-5）。

（1）症状识别　成、若虫都能为害，一般群集于稻丛下部，用口器刺吸水稻茎秆汁液，消耗稻株营养、水分，并在茎秆上留下褐色伤痕、斑点，分泌蜜露引起叶片烟煤并引发其他腐生性病害，严重时，稻丛下部变黑色，逐渐全株枯萎。被害稻田常先在田中间出现"黄塘""穿顶"或"虱烧"，甚至全田枯死，早期受害颗粒无收，后期受害严重减产。此外，褐稻虱是齿叶矮缩病的传毒媒介。褐稻虱喜温爱湿，生长适温 20~30℃，最适温 26~28℃，适宜湿度在 80%以上，盛夏不热、深秋不凉、夏秋多雨是该虫大发生的气候条件。肥水管理不当，也会引发褐飞虱的大

图 6 – 5　稻飞虱

发生。

（2）褐稻虱防治适期和标准　水稻分蘖至圆秆拔节期，平均每百丛稻虫量 700～800 头；孕穗期，平均每百丛虫量 500～600 头；齐穗期，平均每百丛虫量 800～900 头以上；乳熟期，平均每百丛虫量 1 500 头以上。

（3）防治方法

①农业防治：实施连片种植，合理布局，防止褐飞虱迁回转移、辗转为害。健身栽培，科学管理肥水，做到排灌自如；合理用肥，防止田间封行过早、稻苗徒长荫蔽，增加田间通风透光度，降低湿度；利用抗虫品种；保护利用自然天敌。

②物理防治方法：安装频振式杀虫灯诱杀成虫，稻田养鸭，保护青蛙等。

③化学防治：在若虫孵化高峰至 2～3 龄若虫发生盛期，采用"突出重点、压前控后"的防治策略，选用高效、低毒、选择性农药。目前，对褐飞虱的防治主要有两种特效农药——扑虱灵和吡虫啉。每亩用 25% 扑虱灵可湿性粉剂 10 克，或 10% 吡虫啉可湿性粉剂 20～30 克对水 50 千克喷雾，也可以每亩用 5% 氟虫腈胶悬剂 30～40 毫升，对水 50 千克喷雾防治。

注意事项：稻飞虱多集中在植株基部取食为害，应尽量将药液喷到基部；水稻生育后期，尤其是超级杂交稻密闭的大田要加大用药量，粗雾喷雾；飞虱已对扑虱灵、吡虫啉等产生了强抗药性的稻区，注意选用新的有效药剂防治，同时要注意药剂轮换使用；喷药时田间应保持一定水层。白背飞虱为害症状与褐飞虱为害差不多，但成、若虫在稻株上的分布位置较褐飞虱高。以成虫和若虫群集稻株下部吸取汁液，使稻株表面成褐色斑。为害重时，稻株基部变褐，渐渐全株枯萎，严重时造成全田枯死。

3. 螟虫

螟虫属钻蛀性害虫，完全变态昆虫，从卵→幼虫→化蛹→成虫（蛾）为一个时代。主要包括二化螟、三化螟、大螟、台湾稻螟、褐边螟等，是我国水稻最为常见、为害最烈的一类害虫，俗称"钻心虫"或"蛀心虫"。

（1）二化螟（图6－6）　为害症状：水稻苗期和分蘖期初孵幼虫先群集在叶鞘内为害，造成枯鞘；长至二、三龄的幼虫，分散蛀入茎内，为害成枯心；水稻孕穗期和抽穗期幼虫蛀入危害，造成死孕穗和白穗；在乳熟期危害造成虫伤株，严重危胁水稻生产。由同一卵块上孵出的蚁螟危害附近的稻株，枯心或白穗常成团出现，致田间出现"枯心团"或"白穗群"。

图6－6　二化螟

二化螟的防治适期在幼螟盛孵期。第一，采取农业防治，主要是消灭越冬虫源、灌水灭蛹和选用抗病品种等措施。第二，采取物理防治，安装频振式杀虫灯诱杀成虫、稻田养鸭、保护青蛙等都有较好的防治效果，可有效减少下一代虫源。第三，药剂防治：当分蘖期孵化高峰后 5～7 天，每亩有"枯鞘团"100 个或枯鞘率 1%～1.5%；或当破口期，株害率达 0.1% 时，应进行药剂防治。每亩用 25% 杀虫双水剂 200～250 毫升，或 20% 三唑磷乳油 1 002 毫升，或 5% 杀虫双颗粒 1～1.5 千克拌湿润细土 20 千克制成药土撒施。施药时要注意按要求对足水量，细雾均匀喷施，不留空白；药后田间保持 3～6 厘米水层 3～5 天。要注意药剂轮换使用，延缓产生抗药性。

（2）三化螟　为害症状：幼虫蛀食水稻茎秆，分蘖期受害，心叶纵卷成假枯心造成枯心苗；孕穗期受害造成枯孕穗；破口抽穗期受害造成白穗；灌浆后受害造成虫伤株（图 6-7）。

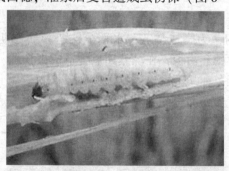

图 6-7　三化螟

防治三化螟枯心苗的适期早每亩"危害团"超过 50～60 个/丛为害率 2%～3% 进行药剂防治。预防白穗的适期在卵块超过 100～120 块/亩，破口期防治，若发生量大，齐穗期再防 1 次。采取农业防治时，下面主要是冬季消灭越冬幼虫；在开春化蛹盛期，灌水淹没稻根 3 天，杀死稻茬内越冬虫蛹。

药剂防治与注意事项同二化螟。

三、北方水稻灌浆结实期稻田诊断与减灾栽培

1. 正常植株标准

抽穗整齐，绿叶数较多，叶片衰老慢，秆青籽黄，籽粒饱满。诊断指标：升 AI 灌浆期未 4～5；抽穗后叶色转绿，但浅于孕穗期叶色，叶片褪色慢；抽穗期成穗茎的绿叶数量，早稻 4 张、中、晚稻 4～5 张，抽穗后 15～20 天早稻 3 张，中、晚稻 4 张以上，成熟时早稻 1.5 张绿叶，中、晚稻 2.5～3 张绿叶；根端呈白色，黑根和腐根很少，直至蜡熟期仍有少量分支根产生。

2. 倒伏植株

（1）形态特征　倒伏是夺取水稻高产的一大障碍，倒伏越早，对产量影响越大。水稻倒伏后不仅收割困难，而且造成减产，影响品质。水稻倒伏分为根倒伏和茎倒伏两种类型：根倒伏多发生在蜡熟期以后，一般田块长期灌水，田土糊烂，还原性过强，或耕层较浅，根系发育不良，根系发育差，扎根较浅而不稳，稍经风雨侵袭，就会发生平地倒伏。根据研究，不倒伏的稻株，在 24 厘米的耕作层中，每穴根干重平均为 5.83 克，其中有 27.1% 的根分布在 12～24 厘米的土中。倒伏的稻株，每穴根干重平均为 4.78 克，分布在 12～24 厘米的耕作层的根系仅为 15.9%，当水稻拔节以后，植株逐渐升高，重心向上移动，根部缺乏固定力，受到风雨等外力的侵袭时就会发生局部倒伏。

茎倒伏多发生在抽穗期到成熟区，基部节间拉得过长，内部不充实，组织柔软，抗倒能力差，负担不起上部重量，因而在不同时期都有可能发生不同程度的茎倒伏。

（2）发生原因　品种植株本身较高，茎秆细弱，是容易发生倒伏的内在因素。然而，倒伏虽然发生在后期，但其根源却在前期和中期。

若栽培措施不当，容易在后期发生倒伏。一是栽插密度过

大，株行距过小，每穴苗数偏多，产生窝心苗，植株个体生长细弱。二是中后期用肥不当，分蘖肥过多过迟，而穗肥用的过多过早，生育中期茎叶徒长，封行过早，通风透光较差，而根系生长不良。三是长期灌深水，使水稻茎内通气道膨大，细胞壁变薄，细胞间隙增大，组织柔软，易引起根倒。四是中后期群体过于繁茂，病虫害如稻飞虱、纹枯病和小球菌核病等为害严重。

（3）防治措施　选择抗倒伏优良品种；培育壮秧，合理密植，打好抗倒伏的基础；根据水稻生育进程施好穗肥，但要防止穗肥过多过早。中期在控氮的基础上，增施钾肥和硅肥，可提高茎鞘中纤维素的含量，增强抗倒伏能力；后期注意浅水勤灌，从有效分蘖临界叶龄期开始至倒3叶期间进行多次轻搁田，控制基部节间过分伸长，以后间隙灌溉，促进土层根的发生和伸长，后期干干湿湿，提高根系活动，有利于防止倒伏；防止病虫害，尤其要注意防治纹枯病和稻飞虱。如果已经发生倒伏，则应尽快排水轻搁田，以防止茎秆腐烂、穗粒发芽而减产。

3. 青枯植株

（1）形态特征　本病多发生在晚稻上，往往在1～2天内突然成片发生。有两种类型：一是病株叶片萎蔫内卷，呈典型的失水症状。叶色青中泛白，很像割下晒过一两天的青稻。谷壳也呈青灰色，远看无光泽。茎秆收缩，基部干瘪，最后常齐泥倒伏。此病与小球菌核病有相似之处，要注意区别。二是遇到低温而造成烦叶变白而干枯。

（2）发生原因　一是生理性干旱引起的一种失水现象。在灌浆至乳熟期，田间断水过早，土壤又严重干旱的情况下易发生此病。稻株在灌浆乳熟期抗旱能力较弱，尚需充足的水分供应，如遇缺水严重，又遇突然降温，并刮有西北风，就会使稻株水分供应失调，造成大面积青枯现象。二是品种遗传性造成品种不耐低温所致。

（3）防治措施　因地制宜选用抗、耐寒力较强的高产品种；适期播种，使抽穗期在适宜气温下抽穗开花灌浆结实；避免长期

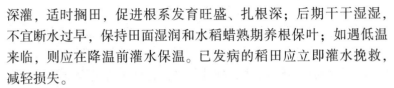

深灌，适时搁田，促进根系发育旺盛、扎根深；后期干干湿湿，不宜断水过早，保持田面湿润和水稻蜡熟期养根保叶；如遇低温来临，则应在降温前灌水保温。已发病的稻田应立即灌水挽救，减轻损失。

4. 大青棵

（1）形态特征　大青棵是指植株较大，生育期迟，一般不能正常结实的一类杂株。大青棵多出现在杂交稻田中，在杂交稻成熟时稻株依然青绿、挺立。

大青棵生长繁茂，与周围的杂交稻争肥、争光，具有较强的竞争优势，而本身又不能正常结实成熟，故对杂交稻影响较大。各地的试验研究表明，1% 的大青棵可使每亩产量降低 11 千克左右。

（2）发生原因　大青棵主要来源于杂交稻制种田，隔离不严，不育系接受了粳稻品种的花粉，产生远源杂交的后代。也有一些对光周期反应敏感的晚籼品种，甚至个别早中籼品种，同样会使不育系后代产生大青棵。

农民在有限的耕地上，既种籼稻，又种粳稻，还要种一些糯稻，之间只搁一条田埂，籼粳糯之间花粉相遇，互相传粉，难于避免相互杂交。用这种田块的稻谷作为下一年的种子，必然会出现大青棵现象。

（3）防治措施　制种田隔离区要认真规划实施，以布局与田块隔离相结合，注意集中连片制种，并在大范围内控制种植与父本花期相近的常规品种，不种粳稻。制种田的隔离距离要求 200 厘米左右。也可利用岗地、河流、湖泊等地作地形隔离；做好去杂去劣工作。去杂去劣要结合各项农事活动随时进行。最好是在孕穗期，去除植株高大、生长繁茂、茎秆粗壮、生育期显著较迟的稻株，改善杂交稻的通风透光条件，提高结实率和粒重，弥补因缺株而减产的损失。

5. 贪青植株

（1）形态特征　贪青迟熟是水稻生产上普遍存在的一种生理

障碍。其表现为：抽穗至灌浆期的叶面积指数超过 3～3.5，最后 3 张叶片生长旺盛，叶片宽而长，抽穗很不整齐，秕谷增加。

（2）发生原因　贪青迟熟主要是由于中后期追肥过多，引起无效分蘖增加，群体过大，致使幼穗分化和生育进程推迟。特别是在水稻抽随后，施肥过多，叶片中的含氮量高，植株易贪青，不利于营养物质向穗部转运和积累，使灌浆速度减慢，谷粒充实不饱满，降低粒重，增加空秕率。或者由于中期受旱，水稻生长发育失调，稻株不能吸收养分进行正常的营养生长，提早进入不正常的生殖生长。后期遇到适宜水分，致使叶片生长迅速，叶片加长，呈浓绿色，造成贪青迟熟，出穗推迟，且不整齐，致使结实率下降，粒重降低。

（3）防治措施　选用抗逆力强、不易贪青迟熟的品种。水稻品种间形态、生理、生态等特性不同，差异性很大，在生产生硬选用耐旱、耐涝、抽穗整齐一致、后期不易贪青的品种，这样遇到不良的环境条件，可少受影响。同时，合理运筹肥水。在合理密植的基础上，做到"看苗、看天、看田"科学用肥用水，尤其后期施肥要因苗施用。抽穗后植株小、单位面积总穗数少、叶色黄的粒肥可以多施肥；反之，则少施或不施，以防叶色浓绿，植株贪青。抽穗后如已发生徒长贪青，要及时排水，保持干湿适度，促进早熟活熟，适时收获，以保证丰产丰收。

【思考与练习】

1. 北方水稻灌浆结实期如何做好肥水管理？

2. 水稻发生倒伏的形态特征是什么？发生的主要原因和防治措施有哪些？

3. 青枯植株发生的主要原因是什么？

4. 水稻纹枯病的防治方法有哪些？

模块七　北方水稻收获贮藏与秸秆还田管理技术

【学习目标】

1. 熟练掌握水稻生物收获时期和收获技术
2. 了解水稻机械化生产中机器的使用方法、维护保养及注意事项
3. 掌握田间测产的方法
4. 掌握稻谷的贮藏方法
5. 熟练掌握秸秆还田的技术要点

一、北方水稻适期收获与收获技术

1. 水稻的收获时期

水稻收获时期要根据水稻的成熟度来确定，一般在蜡熟末期至完熟初期收获，北方粳稻种植区 9 月下旬至 10 月上旬为最佳收获期。过早收获籽粒没有充分成熟，空秕粒、青籽粒多，出米率低，米质差；过晚收获，茎秆倒折，稻壳厚，米质发暗无光泽。一般来说，当水稻植株大部分叶片由绿变黄，稻穗失去绿色，穗中部变成黄色，稻粒饱满，籽粒坚硬并变成黄色即（农谚：九黄十收），就应收获。

2. 水稻收获技术

水稻的适期收获，是确保稻米品质、提高产量和产品安全的重要环节。稻谷的成熟度、新鲜度、含水量、谷粒的形状与大小、千粒重、容重、米粒强度等因素直接影响出米率，一般未成

熟或过度成熟的稻谷，含水量高或过低的稻谷、谷粒大、小或形状相差悬殊，千粒重低的稻谷，以及米粒强度小的稻谷，在加工中易产生碎米，出米率低。

水稻必须达到完全成熟才能收割，从稻穗外部形态看，谷粒全部变硬，穗轴上干下黄，有 70% 的穗轴和一二次枝梗呈干黄色，达到上述指标（稻谷含水量为 20%～25%），说明谷壮已充实饱满，植株停止向谷粒输送养分，此时为收获适期。未完全成熟时收割，穗下部的弱势花灌浆不足，造成减产，品质下降。据测定，以单季中、晚稻抽穗后 55 天收割产量为 100% 计算，则抽穗后 50 天收割，产量为 94.2%；抽穗后 45 天收割，产量为 89.1%，抽穗后 40 天收割，产量为 85.7%，大约每早割 1 天减产 1%。而且青粒米及垩白等不完全的米粒增多，稻米品质下降，适当延迟收获可减少青米的比率，改善米饭的适口性。

一般情况下，优质稻谷要求抢晴收获，边收边脱，用人力脱粒或机械收脱。切忌长时间堆垛或在公路上打场暴晒，以免污染和品质下降。贮运时注意单收、单贮、单运、仓库要消毒除虫、灭鼠，进仓后注意检查温度和温度，防霉、防鼠害，运输时不能与其他物质混载。收获过程中禁止在沥青路、场地和已被化工、农药、工矿废渣、废液污染过的场地上脱粒、碾压和晾晒。

人工收割时，割倒后必须在田间晒 3～4 天，把茎叶晒蔫，再打捆运回场地。当时若不能脱粒，码垛时要稻穗朝外，以利继续干燥，刚割下的稻株，不能急于打捆堆垛，以防霉烂变质。所调查，刚割倒的稻株打捆堆垛，经过 2 天，千粒重下降 0.2～0.3 克，每 667 平方米损失稻谷 5 千克左右。稻穗风干不够，稻粒不易脱净。

3. 水稻机械化生产技术

（1）水稻插秧机　用插秧机来代替人工栽插水稻，是水稻种植史上的一次大的革命，正确的选择和使用插秧机对农民来说很重要。水稻机插秧技术是继品种和栽培技术更新之后，进一步提高水稻劳动生产力的重要措施。为广泛应用机插秧技术，解决"面朝黄土背朝天，弯腰曲背几千年"的传统生产方式，实现水稻全程机械化生产迈出了坚实的一步。

①插秧作业条件。所用秧盘尺寸规格为 28×58，用土量 3.5 千克左右，规格化育秧播种量一般为 740～924 克/平方米芽种，秧、田比达（1∶80）～（1∶100）；秧龄一般为 13～18 天，秧苗高 100～250 毫米，为带土中小苗移栽。机插秧的田块不宜用铧式犁耕翻，一般采用旋耕机浅旋耕，耕深 80～120 毫米，田块要求精细平整，软硬适度，以保证插秧时泥脚深度在 100～150 毫米范围内。一般黏性土壤整地后应沉淀 2～3 天，壤土沉淀 1～2 天，沙性土壤沉淀 1 天为宜。

②插秧机作业性能指标。第一，插秧深度及插深一致性。一般插秧深度在 0～10 毫米（以盘育秧苗土层上表面为基准）。PF455S 型插秧机依靠其液压仿形系统获得机插秧苗的深度及插深的一致性。第二，漏插。指机插后插穴内无苗，漏差率≤5%。第三，勾秧。指机插后茎基部有 90°以上弯曲的秧苗，勾秧率≤4%。第四，伤秧。指茎基部有折伤、刺伤和切断现象的秧苗，伤秧率≤4%。第五，漂秧。插后漂浮在水（泥）面的秧苗，漂秧率≤5%。第六，全漂。指整秧漂秧，全漂率≤4%。第八，插倒。指小秧块倒于田中，秧苗叶梢部与泥面接触，插倒率≤4%。

第九，均匀度。指所测各穴秧苗株数与平均株数的接近程度。均匀度合格率≥85%。

③插秧机的正确使用方法。每当应季插秧前，应对插秧机整机进行全面检查和维修，按使用说明书，加油之处必须加油。

在使用前，必须检查机器各个部位的技术状态，如有不正常之处，必须调好，并在各转动部位和相对运动配合部位加注机油。

在操作过程中，要经常注意机器的技术状态，阻力大，插秧质量下降或各部位工作不正常，应停机检查，找出原因后，进行调整修复。每工作 4~6 小时，要按要求向各转动部位注油润滑。

每天作业结束后，要将机身擦洗干净，并检查机器各部位有无损坏、变形、螺丝是否有松脱现象，并注好机油。

陆地行走时，要避免碰撞，以免分离针、秧门以及其他部件碰坏或变形。

应季作业完毕后，要将机身洗净擦干，涂油防锈，存放于室内干燥处。在机器上不准存放杂物，以免变形或损坏。

④插秧机的操作要点：第一，插秧机可通过各调节手柄来满足一定的农艺要求。调节纵向取秧调节手柄（范围 8~17 毫米），来调整切取秧块的纵向长度，每一档调整 1 毫米，一般为 11 毫米。横向取秧次数调节手柄有 20、24、26 三个挡位，可调节切取秧块横向长度 14 毫米、11.7 毫米、10.8 毫米。株距调节手柄有 70、80、90 三个挡位（现产品增加到 9 种株距），对应调节株距 14.6 厘米、13.1 厘米、11.7 厘米（现最大株距为 24 厘米）。插秧深度调节手柄可调节四个挡位。第二，插秧机操作有主离合器、插植离合器、液压控制、左右转向离合器五个控制手柄，通过拉线进行相应的控制。其中，插植离合器手柄还具备定位离合器的功能；液压控制手柄控制液压泵阀臂的升降。第三，当插秧机在第一次装秧或空苗箱补给秧苗时，务必将苗箱移到最左或者最右侧，否则会造成秧门堵塞，造成漏插，甚至损坏机器。放置秧苗时注意不要使秧苗翘出、拱起。机器作业时，随时查看秧苗情况，在苗箱分割筋上有补给秧苗标志，秧苗不到秧苗补给位置之前，应给予补给，否则会减少穴株数。补给秧苗时，注意剩余苗与补给苗面对齐，不必把苗箱左右侧移动。

⑤插秧机常见故障及排除。插秧机插秧过程中，秧爪如遇到石子、砖头等硬块，或者是因秧针变形而触碰到苗箱或导轨，导致插植臂在运动中阻力增大，离合器牙嵌"滑牙"，发出"咔咔"声。此时应立即断开动力，排除前述原因产生的故障，调整变形部位，保护插植部分的各个部件。

插秧机插秧时如出现连续漏插，可能的原因是：加苗、补苗不规范，造成插植臂取不到苗；取苗口有杂物；秧针变形；育秧时播种不均匀造成秧块秧苗不齐；秧块缺水，造成秧块自由下滑不畅。故障产生后应及时处理。

⑥操作过程中应注意的问题。近几年来，随着插秧机的广泛应用，由于机手操作不当等诸多人为原因，时有机械故障和人身伤害事故发生。插秧机的机手在插秧期到来前要经过全面的技术培训，充分了解插秧机的构造、性能和工作原理，熟练掌握操作要领和注意事项。启动发动机时要把主离合器手柄和栽植离合器手柄放到分离位置；摇动启动手柄时要向内侧推紧，防止发生碰伤。调整取秧量时必须停机熄火，做其他调整、清理秧门或分离针时必须切断主离合器。

插秧作业时船板上要保持清洁，防止秧盘或其他杂物缠绕传动轴或万向节；机手不得用脚去清理行走地轮与行走传动箱间的杂草和泥土。

经常检查和紧固秧箱支背各部螺栓，防止因螺母脱落造成上滑道坏。

操作手在装秧或整理秧苗时，手要远离秧门，防止被分离针刺伤。

过田埂时要注意秧门不被碰撞，过水渠时要搭上木板，慢速通过。

在插秧作业中发生陷车时，不要抬传动总成两端的弯管和链轮箱等传动部件，应抬起船板或在行走地轮叶片间加一个木杠，使插秧机自行爬出。

（2）水稻收割机

使用前的准备：收割机田间作业时，需驾驶员1名，接粮人员1~2名。作业前，首先了解作业田块大小、形状、作物的品种、高度、倒伏情况、产量以及泥脚深度等。如泥脚深度大于20厘米，作物倒伏严重时不能收割。田块要提前准备好，田块四角应用人工割出 1.5 平方米的空地，以便机器转弯，四周靠田埂边割去 1~2 行以免分禾器碰在田埂上。

收割行走路线。小方块田采用兜圈回转收割路线；长方田块，先沿四周兜 3 圈，再采用往复收割路线；大田块也先沿四周兜 3 圈，再插入田中不开道收割，把田块分成几个窄方块，然后采用往复收割。

工作速度的选择：田间条件良好，请选择低二、三档作业。高秆作物，产量特别高或轻微倒伏，用低一、二档作业，产量较低的中、矮作物而田块条件又好的，可用低三档、高一档作业。

二、田间测产与稻谷贮藏

1. 田间测产

（1）理论测产

取样方法：十亩高产攻关田，按照对角线取样法取 5 个样点；百亩高产示范方，以 20 亩为 1 个测产单元，共分成 5 个单元，每个单元按 3 点取样，共 15 点；万亩高产示范片，以 500 亩为一个测产单元，共 20 个单元，每单元随机取 3 点，共 60 点。每点量取 21 行，测量行距；量取 21 株，测定株距，计算每平方米穴数；顺序选取 20 穴，计算每穴穗数，推算亩有效穗数。取 2~3 穴调查穗粒数、结实率。千粒重按该品种前 3 年平均值或区试千粒重计算。

理论产量（千克）＝亩有效穗（穗）×穗粒数（粒）×结实率（%）×千粒重（克）×（10~6）×85%

（2）实收测产

取样方法：在理论测产的单元中随机选取 3 亩以上地块进行实收称重。如果用水稻联合收割机收获，收割前由专家组对联合收割机进行清仓检查；田间落粒不计算重量。

测产含水率和空秕率：随机抽取实收数量的 1/10 左右进行

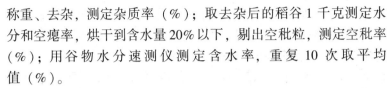

称重、去杂，测定杂质率（%）；取去杂后的稻谷 1 千克测定水分和空瘪率，烘干到含水量20%以下，剔出空秕粒，测定空秕率（%）；用谷物水分速测仪测定含水率，重复 10 次取平均值（%）。

实收产量（千克）＝亩鲜稻谷重（千克）×（1－杂质率）×（1－空秕率）×（1－含水率）÷（1－14.5%）

2. 稻谷的贮藏

稻谷具有完整的外壳，能缓和稻米吸湿，对虫霉有一定的抵抗力，所以在保管过程中，稻谷有较高的储藏稳定性。正常储藏条件下，稻谷的生活力第一年很强，呼吸旺盛，一年以后，则逐渐减弱，变化较小，储藏稳定性相应增高。故存放一年以后，稻谷储藏性即比较稳定。

水稻种子水分含量的多少是直接关系到稻种在贮藏期内的质量安全。据试验证明，种子水分降低到 6% 左右，温度在 0℃ 左右，可以长期贮藏而不影响发芽率。水分为 13% 的稻种可安全度过高温夏季。水分超过 14% 的稻种，到翌年 6 月份发芽率会有下降，到 9 月份则降至 40% 以下，而水分为 12% 以下的稻种，可保存 3 年，发芽率仍有 80% 以上。

稻谷的储藏具有三种明显的特性：容易陈化，不耐高温；容易发热、霉变、生芽；容易黄变。因此，稻谷保管的原则是"干燥、低温、密闭"。按照这个原则保管稻谷，能够实现安全储藏，较长期地保持稻谷品质和新鲜度。

基层粮库普遍采用的是常规储藏方法，这种方法是在稻谷入库到出库的整个储藏期间采取以下六项主要措施：

（1）控制稻谷水分　稻谷的安全水分标准，根据种类、季节和气候条件确定。粳稻可高些，籼稻可低些，晚稻可高些，早中稻可低些，气温低可高些，气温高可低些，冬季较夏季可高些，北方较南方可高些（南方的安全水分标准不高于 13.5%）。籽粒饱满，杂质少无虫害及芽粒，安全程度高；反之，安全程度低。种用稻谷的渡夏水分，低于所定标准1%左右，对生活力保持才有把握。

稻谷的安全水分界限标准是：30℃左右：水分界限为早籼13%以下，中、晚籼13.5%以下；10℃左右：水分界限为早籼15%左右，中、晚籼15.5%左右；5℃左右：水分界限为早籼16%以下，中、晚籼16.5%左右。

（2）清除稻谷杂质　通常把稻谷中的杂质含量降低到0.5%以下，就可提高稻谷的储藏稳定性。

（3）稻谷分类储藏　入库的稻谷要做到分类储藏，即要按品种、好次、新陈、干湿、有虫无虫分开堆放，分仓储藏。

（4）稻谷通风降温　稻谷入库后要及时通风降温，缩小粮温与外温或粮温与仓温的温差，防止结露。根据经验，采用离心式通风机、通风地槽、通风竹笼与存气箱等通风设施在9～10月、11～12月和1～2月分3个阶段，利用夜间冷凉的空气，间歇性地进行机械通风，可以使粮温从33～35℃分阶段依次降低到25℃左右、15℃左右和10℃以下，从而能有效防止稻谷发热、结露、霉变、生芽，确保安全储藏。

（5）防治稻谷害虫　稻谷入库后，特别是早、中稻入库后，容易感染储粮害虫，遭受害虫严重为害，造成较大的损失。通常多采用防护剂或熏蒸剂进行防治。

（6）密闭稻谷粮堆　完成通风降温与防治害虫工作后，在冬末春初气温回升以前粮温最低时，要采取行之有效的办法压盖粮面密闭储藏，以保持稻谷堆处于低温（15℃）或准低温（20℃）的状态，减少虫霉为害，保持品质，确保安全储藏。常用密闭粮堆的方法有三种：全仓密闭、塑料薄膜盖顶密闭、草木灰或干河沙压盖密闭。

三、水稻秸秆处理与还田技术

水田秸秆整株还田技术是指在前茬作物收获后，将一定数量的秸秆均匀铺放于待耕翻的水田内，灌水软化土壤，通过旋耕埋草机作业同时实现旋耕和秸秆埋覆二项作业，由此可见，实现秸秆整株还田技术的关键在于旋耕埋草机，该机能在旋耕碎土的同时，将秸秆、厩肥、杂草、瓜藤等完整秸秆、根茬全部埋入土中。省去秸秆或瓜藤等铡切工序，且满足农艺要求，因此，已得到较广泛的应用。

（一）旋耕埋草机的作业特点与适用范围

旋耕埋草机是在原有手扶拖拉机配套旋耕机的基础上改进设计而成的。其变速机构和传动机构均利用旋耕机的机构，未作变动。目前，机型主要有两种：一种与工农－12型手扶拖拉机配套，一种与东风－12型手扶拖拉机配套（图7－1）。

1. 作业特点

施耕埋草机是在旋耕作业的基础上，增加了埋草功能，故一次作业同时完成旋耕、埋草二道工序。且因其同一铣切面内刀片数量多，切土节距小，碎土性能好，对残茬和杂草的覆盖能力明显提高，再则该机利用"门"字形旋耕刀可直接将整株秸秆埋覆，因而无须将秸秆切碎。

2. 适用范围

为了满足旋耕埋草机对整株秸秆的埋覆率和耕作碎土要求，设计"门"字形随耕刀时，有意增大横刀切削角。该切削角一般在50°～82°之间，与之相比，犁铧、中耕铲及其他直线运动的耕作机的切削角一般在20°～30°之间，族耕机旋耕刀的前端正切刃的切削角一般也在26°～32°之间。随着横刀切削角加大，随之功率消耗大大增加。因此，旋耕埋草机适宜在浸泡后的水田中作业，不能在旱田作业（图7－1）。

（二）农艺技术要求

水田秸秆整株还田技术是一项综合技术，在使用好旋耕埋草

图 7 - 1　旋耕埋草机

机的同时，还必须注重农机与农艺的结合。在作业时主要把握以下几点。

1. 适宜还田的秸秆种类和还田数量

水田秸秆整株还田主要适用稻秸和麦秸，同时可以对瓜藤、绿肥和田间杂草等进行直接旋耕埋草。还田的秸秆量一般在 300 千克左右。耕作时，先将秸秆均匀地抛撒于田面，并灌水软化土壤。而后直接旋耕二遍，就能达到既完成翻土、碎土作业，又将整株秸秆埋入土中。

2. 适宜的灌水深度

旋耕埋草机适宜作业的灌水深度在 3～5 厘米。当灌水深度大于 5 厘米和小于 3 厘米时，埋草覆盖率均明显下降。灌水过深，作业时，秸秆会被水浪冲击，造成堆积，影响埋草质量。如灌水浅，泥块易粘附在旋耕埋草机滚筒上，导致不能进行正常的埋草作业。因此，掌握适宜的灌水深度是用好该机的重要因素。

3. 进行必要的养分补施

秸秆虽含有丰富的养分，但养分含量不均衡。因此，在秸秆还田的同时还宜补施一定的氮肥和磷肥，以平稳养分，控制合理的秸秆腐烂、分解速度，提高肥效与还田效果。一般每还田100千克鲜稻草，宜补施尿素2.14千克，补施过磷酸钙1.36千克。

4. 秸秆还田与畜肥合理混用

若在秸秆还田的同时能合理混用畜肥，两者在养分上能形成互补、释放时形成互助，其增产效果更加明显。

5. 适宜埋草作业的泥脚深度

旋耕埋草机在泥脚深度10～20厘米的水田中使用，其碎土性好，平整度高，埋草覆盖率在95%以上。在泥脚深度小于10厘米的田块中作业，因耕作层太浅而不易将秸秆埋下，覆盖率降低。在泥脚深度大于20厘米的田块中作业，因拖拉机下陷严重，机具负荷增大，难于进行正常作业。

【思考与练习】

1. 怎样做好水稻适期收获？
2. 当前制约我国稻米产业发展的限制因素有哪些？
3. 水稻田间产量如何计算？
4. 稻草秸秆还田的方式有哪些？

模块八 北方水稻品种及不同稻区生产技术

【学习目标】

1. 了解北方水稻生产的品种，掌握主要的生产要点
2. 掌握水稻栽培的常规技术
3. 掌握有机稻生产的特点和技术要点

一、北方粳稻品种

1. 垦稻 12

以垦稻 10 号为母本，以垦稻 8 号为父本杂交，系谱法选育而成。株高 96.2 厘米，穗长 18.6 厘米，每穗粒数 84.5 粒，千粒重 26.9 克。糙米率 81.9% ~ 82.9%，整精米率 69.2% ~ 73.8%，垩白米率 0.0% ~ 8.0%，直链淀粉 18.1% ~ 19.7%，胶稠度 72 ~ 79.2 毫米，粗蛋白质 6.3% ~ 8.7%，食味评分 80 ~ 86。苗瘟 5 级、叶瘟 1 级、穗颈瘟 5 级；自然感病：苗瘟 1 级、叶瘟 3 级、穗颈瘟 3 级。处理空壳率 7.5%，自然空壳率 1.8%。生育日数 133 天，较对照品种东农 416 早 1 天。从出苗到成熟需活动积温为 2 400℃。该品种既中和了垦稻 8 号的抗性与丰产性，又继承了垦稻号 10 耐寒性长粒与米质，是丰产抗性兼优的品种。

栽培要点：4 月 15 ~ 20 日播种，5 月 15 ~ 25 日插秧；适宜旱育稀植插秧栽培，插秧规格 30 厘米 × 13 厘米。每穴 3 ~ 4 株。

注意事项：多施磷钾肥，水层管理前期浅水灌溉，后期间歇灌溉。

适应区域：黑龙江省第二积温带。

2. 盐丰 47

该品种属粳型常规水稻。在辽宁南部、京津地区种植全生育期 157.2 天，比对照金珠 1 号晚熟 1.4 天。株高 98.1 厘米，穗长 16.5 厘米，每穗总粒数 129 粒，结实率 85.1%，千粒重 26.2 克。抗性：苗瘟 5 级，叶瘟 4 级，穗颈瘟 5 级。主要米质指标：整精米率 66.2%，垩白米率 15.5%，垩白度 2.8%，胶稠度 81 毫米，直链淀粉含量 15.3%，达到国家优质稻谷标准 2 级。2004 年参加金珠 1 号组品种区域试验，平均亩产 664.5 千克，比对照金珠 1 号增产 6.9%（极显著）；2005 年续试，平均亩产 635.6 千克，比对照金珠 1 号增产 13.1%（极显著）；两年区域试验平均亩产 650.1 千克，比对照金珠 1 号增产 9.9%。2005 年生产试验，平均亩产 638.4 千克，比对照金珠 1 号增产 7.5%。

3. 豫粳 6 号

1995 年通过河南省审定，同年获中国农业科技博览会新品种和优质米两项金奖。1997 年列入"九五"国家科技成果重点推广计划。1998 年通过国家审定。1999 年获国家新品种"后补助"。现为国家北方及河南省粳稻区域试验、生产试验对照品种。在沿黄稻区表现突出，增产幅度之大，推广速度之快，普及范围之广，前所未有。经农业部稻米及制品质量监督检验测试中心（杭州）检验，糙米率 84.6%，精米率 77.3%，整精米率 73.1%，垩白粒率 10%，垩白度 1.0%，胶稠度 70 毫米，直链淀粉含量 16.2%，综评达国家优质稻谷 GB/T17891—1999 一级标准。

产量表现：河南省粳稻区试两年均居第一位，较对照增产 13.9%，最高亩产 738.7 千克，河南省粳稻生产示范两年均居第一位，较对照增产 21.2%，最高亩产 730.0 千克，全国北方粳稻区试综评第一位，较对照种泗稻 9 号增产 13.6%。最高亩产 705.0 千克。在河南、山东、苏北、皖北等地推广，一般亩产 650 千克，最高达 800 千克以上。

4. 郑稻 18

2006 年河南省农作物品种审定委员会审定。株高 107.1 厘米，穗长 15.7 厘米，每穗总粒数 128.1 粒，结实率 86.5%，千粒重 25.1 克。抗性：苗瘟 4 级，叶瘟 4 级，穗颈瘟 3 级，综合抗性指数 3.3。米质主要指标：整精米率 70.3%，垩白米率 23.5%，垩白度 3%，胶稠度 82 毫米，直链淀粉含量 16.7%，达到国家优质稻谷标准 3 级。产量表现：2005 年参加豫粳 6 号组品种区域试验，平均亩产 548.6 千克，比对照豫粳 6 号增产 13.2%（极显著）；2006 年续试，平均亩产 598.2 千克，比对照豫粳 6 号增产 8.1%（极显著）；两年区域试验平均亩产 570.6 千克，比对照豫粳 6 号增产 10.8%。2006 年生产试验，平均亩产 543 千克，比对照豫粳 6 号增产 2.1%。

5. 郑稻 19

2006 年河南省农作物品种审定委员会审定。该品种属粳型常规水稻。在黄淮地区种植全生育期 159.4 天，比对照豫粳 6 号晚熟 3.4 天。株高 107.1 厘米，穗长 15.7 厘米，每穗总粒数 128.1 粒，结实率 86.5%，千粒重 25.1 克。抗性：苗瘟 4 级，叶瘟 4 级，穗颈瘟 3 级，综合抗性指数 3.3。米质主要指标：整精米率 70.3%，垩白米率 23.5%，垩白度 3%，胶稠度 82 毫米，直链淀粉含量 16.7%，达到国家优质稻谷标准 3 级。产量表现：2005 年参加豫粳 6 号组品种区域试验，平均亩产 548.6 千克，比对照豫粳 6 号增产 13.2%（极显著）；2006 年续试，平均亩产 598.2 千克，比对照豫粳 6 号增产 8.1%（极显著）；两年区域试验平均亩产 570.6 千克，比对照豫粳 6 号增产 10.8%。2006 年生产试验，平均亩产 543 千克，比对照豫粳 6 号增产 2.1%。

6. 郑旱 9

审定编号：国审稻 2008042；品种名称：郑旱 9 号；选育单位：河南省农业科学院粮食作物研究所；品种来源：IRAT109/越富；产量表现：2006 年参加黄淮海麦茬稻区中晚熟组旱稻区域试

验，平均亩产为 307 千克，比对照旱稻 277 增产 6.6%（显著）；2007 年续试，平均亩产 339.6 千克，比对照旱稻 277 增产 20.2%（极显著）；两年区域试验平均亩产 323.3 千克，比对照旱稻 277 增产 13.3%，增产点比例 95%。2007 年生产试验，平均亩产为 344 千克，比对照旱稻 277 增产 14.6%。

7. 郑旱 10 号

"直播稻最大的特点，是不需要育秧移栽，可以直接播种，高产高效。"河南省水稻产业技术体系首席专家尹海庆介绍，相对于 20 世纪 80 年代的麦茬水稻旱种技术推广，以及近年来的旱稻生产应用，此次新品种"郑旱 10 号"的现代直播稻作，则是在品种创新、生产条件改善等科技成果支撑的基础上，形成的一项适应现代农业发展需求的新的技术革新。

8. 富源 4 号

审定编号：宁审稻 200208；品种来源：96D10 是内蒙古自治区种子管理站、区原种场从北方区试中选出的一个早熟优质米水稻新品种。粳型、早熟品种，生育期 142d，同对照宁粳 12 号相同。幼苗长势旺，耐低温抗盐碱能力强，抗稻瘟病、白叶枯病。丰产、稳产性好。株高 99.8 厘米，株型紧凑。茎秆粗壮，分蘖力强，成穗率高，空秕率低，散穗，每穗平均总粒数 78.01，结实粒数 72.4 粒，千粒重 24.2 克。结实率 92.81%。经中国水稻所米质检测中心测定，糙米率 83.6%，精米率 76.7%，整精米率 70.9%，垩白粒率 28%，垩白度 3.9%，透明度一级，胶稠度 84 毫米，直链淀粉含量 17.1%，蛋白质含量 7.0%。米质分析 12 项指标，有 8 项达到部颁一级优质米标准，2 项达到二级优质米标准。产量表现：1998 年参加全国水稻北方区试，宁夏三点平均产量 12 141 千克/公顷（809.4 千克/亩），比对照宁粳 12 号增产 3.81%。1999 年继续参试，平均产量 13 038 千克/公顷（869.2 千克/亩），比对照宁粳 12 号增产 7.88%，两年平均 12 590 千克/公顷（839.3 千克/亩），比对照宁粳 12 号增产 5.58%。1999 年进行生产试验，平均产量 11 355 千克/公顷（757 千克/亩）比对照宁粳 12 号增产 6.7%。2000 年在区原种场、银川郊区和区作物所示范种植 35 公顷，平均产量分别为 10 815 千克/公顷（721 千克/亩）、10 725 千克/公顷（715 千克/亩）和 10 590 千克/公顷（706 千克/亩）。2001 年在区原种场农业一队盐碱地上连片种植 15 公顷，平均产量 9 405 千克/公顷（627 千克/亩）最高单产达 10 440 千克/公顷（696 千克/亩）。一般产量 9 750 千克/公顷（650 千克/亩），高产可达 11 250 千克/公顷（750 千克/亩）。

二、北方常规粳稻栽培技术

1. 品种选用

品种选择抗倒性、抗病性强、适应性好的品种。质量达到 GB 4404.1—2008 标准中规定的纯度不低于 99%，发芽率不低于 85% 的要求。

2. 育秧准备（软盘育秧）

（1）秧池准备　选择排灌分开、运秧方便便于操作管理的田块做秧池，按照秧田与大田 1∶100 比例留足秧田。秧板宽 1.4m，沟宽 25 厘米，沟深 15 厘米；四周沟宽 30 厘米，沟深 20 厘米，播种前 20 天上水耢平。秧板平整后，排水晒板，使板面沉实，播种前 2 天，铲高补低，填平裂缝，板面达到"实、平、光、直"。

（2）床土准备　适宜作床土的有土壤肥沃疏松的菜园地、耕作熟化的旱地或经秋耕、冬翻、春耖的稻田表层土，土壤中应无硬杂质，杂草、病菌少。重黏土、沙土不宜作床土，且不宜在荒草地及当季喷施过除草剂的田块取土。床土用量：一般每亩大田需合格营养（拌过肥的）细土 100 千克，另需准备 25 千克左右未拌过肥的细土用以盖种用。床土培肥：在秋耕、冬翻、冻融的基础上，于早春在取土田块上每亩匀施人畜粪或腐熟灰杂肥

2 000千克（草木灰禁用）有机肥以及45%复合肥40~45千克等无机肥，施后把握适耕期连续旋耕2~3遍，旋深10厘米为宜，然后抢晴天堆制，并覆盖农膜遮雨、升温。床土加工：选择晴好天气过筛床土，细土粒径不大于5毫米，其中2~4毫米粒径达到60%以上。过筛结束后再集中堆闷，堆闷时细土含水量适宜，要求达到手捏成团，落地即散，并用农膜覆盖，促使肥土充分熟化。

（3）种子准备　每亩大田备足适合机插秧生产的精选种子3~4千克，播种前用浸种灵或使百克浸种，再将浸好的稻种用35%丁硫克百威15克或30%噻虫嗪5毫升+驱鸟剂，拌8~10斤种子，轻轻翻动使药剂拌匀，晾干后播种，防治雀害、鼠害、稻蓟马。

（4）秧盘　每亩大田备足24~26张塑料秧盘，并配备农膜、支架。

3. 播期确定

机插秧秧龄弹性小，必须根据大田腾茬、耕整及沉淀时间和插秧机械动力情况推算播期。秧龄掌握在18~20天，浸种时间再向前推3天，并根据机插进度，分期播种。每台机每40亩为一个播种期，每期播种间隔3天，并根据机插进度，分期播种。做到宁可田等秧，不可秧等田。

4. 播种工序

（1）精做秧板　达到平、光、直的要求。

（2）排放秧盘　在秧板中心拉一条直线，横排2列，盘与盘之间要尽量排放密接，盘底与畈田要贴实，盘周围用土壅实。

（3）铺平底土　秧块标准长×宽×厚：58厘米×28厘米×2厘米，底土厚度掌握在2厘米，过厚过薄，造成伤秧或取秧不均，铺好底土后，用木板刮平。

（4）喷洒底水　尤其是催芽播种，一定要用喷壶洒水湿润底土。

（5）精细播种　在确保播种均匀与秧苗根系能够盘结的前提下，根据品种、气候等因素可适当降低播量，以提高秧苗素质，增加秧龄弹性。常规粳稻的芽谷播量为 120～150 克/盘。

（6）撒盖籽土　盖种疏土厚度 0.3～0.5 厘米，以盖没种子为宜，注意要使用未经培肥的过筛细土，不能用拌有壮秧剂的营养土，播后用软扫帚轻拍种子。

（7）上水润床　慢灌平沟水，湿润秧盘土后排放，盖籽土撒好后不可再洒水，以防止表土板结影响出苗。

（8）封膜盖草　沿秧板每隔 50～60 厘米放一根细芦苇或竹扦以防农膜与床土粘贴，然后平盖农膜，并将四周封实，高温高湿促齐苗。

5. 苗期管理

（1）水浆管理　秧苗 3 叶期前上平沟水。做到干湿交替，保持盘土湿润不发白，含水又透气，移栽前 3～4 天控水炼苗，促进秧苗盘根老健，掌握盘土干湿适宜，易于机插。

（2）肥料运筹　一叶一心期灌薄水追施断奶肥，每亩尿素 2～2.5 千克，2 叶 1 心每亩秧池撒施氯化钾 4 千克，尿素 3 千克，移栽前 3～4 天看苗追施送嫁肥。

（3）病虫防治　秧田期露地育秧的秧田，搞好稻飞虱、螟虫、苗病等病虫防治。移栽前 1～2 天秧苗上要喷药 1 次，做到带药移栽，重点防治灰飞虱、螟虫。

6. 栽插准备

（1）精细整地　一是掌握翻土适宜深度，一般大田耕翻深度掌握在 10～15 厘米；二是田面平整、无残茬、高低差不超过 3 厘米；三是田面整洁；四是待沉实后移栽，土壤类型为沙土的上水旋耕整平后需沉实 1～2 天，粘土一般要待沉实 2～3 天后再插秧。

（2）适时栽插　一是适龄移栽。秧龄掌握在 15～20 天，叶龄 3～4 叶，苗高 12～18 厘米。二是正确起运。栽插前秧块床土干湿标准以用手指按住盘土，能够稍微按进去为宜，起秧时小心将秧块卷起，运送时堆叠层数 2~3 层。运至田头应随即卸下平放，使秧苗自然舒展，做到随起随运随插。三是合理密植。行距30 厘米，株距 11.7 厘米、13.1 厘米或 14.6 厘米，亩栽 1.8 万~1.4 万穴，穴苗数 3~5 株左右，6 万~9 万基本苗。四是清水淀板，薄水浅插，水层深度 1~2 厘米，不漂不倒，一般以入泥0.5~1.0 厘米为宜。

7. 大田管理

（1）水浆调控　薄水栽插，寸水活棵。活棵后应浅水勤灌，前水不见后水，达到以水调肥，以水调气，以气促根，使分蘖早生快发。机插秧分蘖势强，高峰苗来势猛，可适当提前到预计穗数 80~90 时排水搁田，分两次，由轻到重，搁至田中不陷脚，叶色褪淡即可，以利抑制无效分蘖并控制基部节间伸长，提高根系活力。叶齿余数 3.5 时至抽穗扬花期结束期间应建立浅水层，以利颖花分化和抽穗扬花。灌浆结实期间歇上水，干干湿湿，以利养根保叶，活熟到老，切忌断水过早。

（2）精确施肥

①肥料运筹原则。控制总量，有机肥与无机肥合理搭配，节氮增磷补钾加锌肥，每亩大田总量折纯 N18~20 千克，$P_2O_5$4.5~6 千克，K_2O 9~12 千克，基（蘖）肥与穗肥之比为（6：4）~（5：5）。

②基肥。在插秧耙耘田时，施 45% 复合肥 25~30 千克，尿素 5 千克。

③蘖肥。在适施基肥的基础上分次施蘖肥，以利攻大穗、争足穗，一般在栽后 5~7 天施一次返青分蘖肥，并结合使用小苗除草剂进行化除，栽后 10~12 天，每亩用尿素 7~9 千克酌情再施一次，以满足机插秧早分蘖的要求；栽后 18 天左右视苗情施平衡肥，一般每亩施 45% 复合肥 9~12 千克。

④穗肥。查叶龄定施肥时间，看叶色定用氮量。在主茎叶龄余数 3.5 叶时，穗数型品种施用促花肥（7 月底 8 月初），每亩用

45%复合肥10千克左右；主茎余叶龄1.5~1叶时施用保花肥，每亩用尿素4~5千克，大穗型品种重点施好保花肥补施破口肥，肥料品种和用量同上。

⑤合理使用叶面肥。分蘖期和抽穗灌浆期结合病虫防治每亩每次使用辉隆宝80克叶面喷雾。

（3）病虫草害综合防治

①化学除草。栽前化学封杀灭草，耙田时结合施基肥，亩用稻将20克（10%吡嘧磺隆）和巴面除100毫升均匀撒施，施后田内保持7~10厘米水层3~4天，进行药剂封杀除草，压低其杂草发生基数。秧苗移栽活棵后，结合第一次分蘖肥每亩用闲抛（37.5%苄丁）80克，拌尿素撒施，并保持水层5~7天，确保防效。

②病虫防治。在栽培防治的基础上，以水稻生育期为主轴，以病虫发生轻重缓急为依据，在不同的生育阶段，采用一药兼治，多药混用，药肥混喷的方法，打好防治水稻病虫害3~4次总体战。

三、沿黄粳稻丰产栽培技术

1. 种子处理

（1）晒种　将种子放在阳光下晾晒2~3天，利用太阳紫外线杀死病菌，提高发芽势和发芽率，发芽敦实、整齐一致。

（2）发芽试验　为准确确定播种量，必须进行种子发芽力测定，在种子堆中多点取样，挑选饱满成熟度好的种子200粒，放进带有吸水纸或纱布的发芽皿中盛入清水淹没种子浸泡，然后放到30℃的恒温箱中，每天换一次清水，同时数一数发芽粒数，3天看芽势，4天后看芽率，一周后按下面公式计算：

发芽势（%）=3天发芽种子数/供试种子粒数×100

发芽率（%）=7天发芽种子数/供试种子粒数×100

（3）选种　盐水比重法：每50千克水加11~12.5盐粒，配制成20%以上的盐水，使盐水比重达到一般稻种为1：1.13，糯稻种为1：1.06，如果没有比重计，则可用鲜鸡蛋放入盐水中浮出水面五分硬币大小为准，之后将种子倒入对好盐水的容器中，不超过水的一半，充分搅拌播种约2~3分钟，将漂浮在水面上的稻秕、草籽、杂质及带病的种子等捞出，在将沉在下面的饱满稻种捞出来，用清水冲洗2~3次，洗掉盐分，以防种子受盐害，影响发芽。如果选种量较大，选2~3次后，盐水浓度下降时，每50千克水再继续加2.5千克盐粒。

（4）消毒　主要防治苗病（俗称公稻子）和干尖线虫病，一般结合浸种进行消毒。用"多菌灵"100克对水50千克，搅匀，将选好的种子40千克倒入，在室内常温下浸种5~7天，一浸到底，原则上浸种积温达到100℃，浸种过程中要勤翻动，上下一致。

（5）浸种　浸种与消毒结合进行，水温10℃时，要浸种7~8天，水温15℃时，浸种5~7天，一般药剂浸种6天左右，应换新水再浸种1~2天。

（6）催芽　将浸好的种子捞出放在50~60℃的温水中再捞一遍预热，种子温度控制在25~30℃，然后装在砂网袋里或塑料布包好或编织袋里，放在垫好30厘米厚稻草的火炕上或保温条件好屋地上或大棚内，视具体情况加以采用，种子堆的高度30~40厘米，种子堆上面用麻袋或塑料布盖好，在28~30℃温度条件下催芽48小时左右，即两天或两天半即可发芽（种子堆不论放在炕上、地上或棚内，其温度均不可超过30℃）。当催芽的种子有80%发芽，达到破胸露白即芽长1毫米为宜，催芽期间要上下翻动2~3次，使上下温度一致，出牙整齐，白天靠阳光辐射，提高种子温度，堆放时适时浇50~60℃温水，15：00左右要将加盖的保温物盖好，出芽达到标准时，停止催芽，将种子摊开晾凉，即可进行播种。

2. 栽培管理

（1）秧田管理

①苗床。选择苗床地：应选择背风向阳，高燥平坦，土壤肥沃，通透性好，无盐碱，地下水位在 1～1.5 米以下，水源、电源方便的地块作苗床地，以庭院园田为最好。

②作置床。作床方向与棚方向一致，苗床最好固定，应连年培肥，当年苗床应配制全价营养土，将适于苗床土风干后过筛子，最好加上约20%的有机质肥备好床土，再按照每袋2千克装的调理剂用于苗床15平方米的标准，可用置床土180～200千克，配制成全价营养土，将床土 pH 值调至 4.5～5.5。

③苗床规格。苗床应达到"松、细、平"以东西向为好，长10～15米，宽1.2米，高10～15厘米，床间步道沟宽10厘米，深15厘米。

④架棚。根据具体条件架大、中、小棚，扣膜后升温 2～3天，在播种前一天将置床浇透水。

⑤播种育苗。根据北方气象条件，一般播种时间为 4 月中旬。

隔离层旱育苗及盘育苗：在浇透水的置床上铺上打孔的薄塑料膜，在其上面铺上 3 厘米厚的全价营养土，刮平、浇透水，将催好芽的种子按计划用种量每平方米300～350克，分 2～3 次播下，覆土 0.5 厘米，再用药剂封闭，上面再平铺上地膜。盘育苗，其播种方式与隔离层时育苗基本相同，只是盘育苗限制了全价营养土，每盘播芽种子125克，盘与盘之间要靠紧，不留间隙，其他做法与隔离层旱育苗相同，及时铺上地膜并扣好棚膜加上安全网。

简型盘育苗：在浇透水的置床铺实钵盘，扬上一层全价营养土，刮平后浇透水，将盘长 60 厘米，宽 30 厘米，盘约 500 孔目不等，每孔 2～4 粒芽种子，其他操作同隔离层旱育苗。如采用抛秧或人工摆秧移栽，则应注意钵盘面非孔眼部分不要留覆土，以免发生丝根，无法抛秧或摆秧。

⑥播种后至出齐苗。管理目标主要是密封保温，促齐苗，棚内温度控制在30℃左右，苗出齐后及时撤掉地膜，超过35℃，要通风，达到60%出苗时，浇一次齐苗水。

⑦出苗至1叶1心。管理目标是控水、控温、促扎根，棚内温度控制在25~28℃，超过28℃时，要加大通风口，打开两头通风，此时期喷水1~2次。

⑧一叶一心至两叶一心 管理目标是控水，上下均衡生长，防止徒长及青枯，此期温度过高，造成第二片叶子徒长拉长或烧苗，棚内温度控制在20℃左右，白天一般打开一半膜进行小通风。

⑨两叶一心至移栽。管理目标是增养促蘖，两叶一心期浇一次透水，其后每天8：00~9：00浇一次水，白天全部打开通风，插秧前5~6天将棚膜撤掉，插秧前3~5天施"送嫁肥"每平方米用硫胺30克对水3千克结合浇水追施一次，追施后用清水浇1~2次，以免烧苗，移栽前一天下午喷800倍乐果液，防止到本田发生潜叶蝇。壮秧标准是秧龄28~30天为小苗，秧苗高12厘米，带蘖率50%以上，叶片直立，茎扁平，百苗干重3.0克，根系9~11条；秧龄30~35天为中苗，秧苗高12~14厘米，根数10~12条，根长18~27厘米，根系白色，百苗干重5.0克以上，50%以上带两个蘖。

（2）本田管理

①整地施肥。第一，整地。为减轻病虫害，秋季应深翻20厘米，消灭部分越冬虫源，菌源及杂草种子，新开盐碱洼地伏翻效果好，可翻地深度10~20厘米，土壤层好的可旋耕深度10~20厘米，田面平坦，田块高低差不得超过3厘米，一般采用先旱平、后水耙，再水平，稻池内达到寸水露泥，"地平如镜，泥烂平蓁"。

第二，施肥。底肥以农家肥、生物肥为主，辅施一定量的化肥，结合春季整地一次性施入。一般生产田：每公顷施农家肥 15 000~30 000 千克，生物菌肥 300 千克，化肥纯氮量 150~160 千克，纯磷（P_2O_5）100 千克，纯钾（K_2O）80 千克，硫酸锌 15~20 千克，底肥、蘖肥的用量占总施肥量的 60%~70%，穗肥 粒肥占 30%~40%。

②插秧期。一般在日平均气温稳定在 13℃ 以上即可插秧（5 月中旬开始，不插 6 月秧），插秧做到行直，穴距均，株数准，不窝根，不漂苗。插秧方式：一般生产田：行距 27 厘米，穴距 18 厘米，每穴 3~4 苗，插深 2.5~3 厘米，每公顷基本苗数 49.8 万苗。

③返青期。湿润管理，寸水养苗，利于返青，插秧后次日慢 慢往田里灌水，以不露地为宜。

④分蘖期。保持水层 3 厘米，待有效分蘖终止后进行晒田控 制无效分蘖，7 月初长势过旺，可排水晒田 5~7 天，恢复 3 厘米 正常水层。

⑤抛秧密度。以每平方米 20~25 穴为宜，无缓苗期，分蘖 早 2~3 天。抛秧方法：用水向空中抛高 2 米左右，秧苗落在田间 其根部深扎入泥中约 1.5~3.0 厘米深，每抛 3~4 米宽，留 25~ 26 厘米的步道，形成更多的边行优势，采用人工摆秧，效果 更好。

⑥施肥。插秧后 5~7 天追施分蘖肥，占总氮量 10%~15%，其后 10 天再行第二次追肥，占总氮量的 10%~15%，生产期间 每公顷施用总纯氮量 150~160 千克（含农肥纯氮量），纯磷 （P_2O_5）100 千克，纯钾（K_2O）80 千克（2/3 用于底肥，1/3 用 于追肥）。

⑦孕穗、扬花期。采用浅水灌溉，水层保持 3~5 厘米，土 壤肥沃，土壤反应还原较强时，应晒田 1~2 天，抽穗后 3~5 天，实行浅湿灌溉，以后可保持干干湿湿的灌溉方式，收获前 10~15 天撤水。

（3）病虫草害预防

①农业预防措施。耕作灭茬结合秋、春翻整地，清除稻田沟边杂草及残株，减少越冬虫源、菌源及杂草种子。锄埂灭蝗卵。春季将稻田埂普遍锄一次，深度 1.5~2 厘米，可破坏 70% 的蝗虫卵块，降低孵化率。应用先进的蓝色农用塑料膜从用上通风开闭式保温旱育苗方式培育壮秧，防止苗期立枯病害等的发生。应用旱育稀植技术，培育壮秧，规格化插秧，平衡施肥，科学用水，适时晒田，培育健壮植株，提高其抗病虫能力。

②物理防治措施。第一，温水或石灰水浸种：用 1% 石灰水浸种 2~3 天，捞出洗净，可防治稻瘟病，胡麻斑病，用 55℃ 温水浸种 10~30 分钟，可防治恶苗病。第二，灯光诱杀。采用灯光诱杀：如用黑光灯，频阵式杀虫灯，高压汞灯进行诱杀，诱杀的害虫多为雌性，可使害虫的为害基数大大降低，通常每公顷地设灯一盏，于 6 月初至 9 月底每天傍晚开灯，清晨关灯，对稻螟虫、稻纵卷叶螟、稻飞虱、黏虫及蝼蛄等害虫，均具有很好的防治效果。第三，人工捕捉害虫。拔除病株等，如用捕虫网捕捉稻蝗虫，人工及时拔除恶苗病、稻曲病等病株，并在田外进行深埋或烧毁，可防止下年菌源积累。第四，人工除草。对小型水田杂草如牛毛草、水上漂、水白菜等可用手工机具灭除或高温晒田灭草，对稗草在其未成熟前将其拔除，7 月上旬至秋季清除田边、渠道及池埂子杂草。

③生态防治。为水稻生物创造有利保护自然天敌的生态环境条件和栖息场所，充分利用有益生物控制有害生物的发生发展，如在稻田周围及田埂上种植多种杂粮杂豆，牧草及菜类等作物。

④生物防治。第一，保护自然天敌。在稻虫不影响水稻产量的前提下，以不用化学农药为宜或科学用药，保护寄蝇、步行虫等天敌，达到抑制发生的目的。第二，补充天敌治虫。在害虫产卵初期每公顷释放赤眼蜂 15~45 万头，隔 2~3 天放一次，通过对卵寄生，防治稻纵卷叶螟、二化螟、稻苞虫等害虫。第三，以

菌治虫。用杀螟杆菌（BT）或青虫菌2 000～3 000倍液喷雾，防治稻纵卷叶螟、稻苞虫、二化螟等低龄幼虫。第四，保护和利用繁殖青蛙除虫。第五，以禽除虫在水稻返青至抽穗前，放养体重0.1～0.3千克的小鸭，平均每公顷放300～350只，不仅有较好的除虫效果，而且还可起到中耕肥田的作用。第六，使用生物农药。稻瘟病、胡麻斑病使用2%灭瘟素乳油500～1 000倍液喷雾防治。纹枯病、稻曲病使用5%井网霉素水剂700～1 000倍液喷雾。稻潜叶蝇、负泥虫、稻蝗虫使用1.8%阿维菌素乳油2 000倍液或10%吡虫啉可湿性粉剂1 000～1 500倍液喷雾。

⑤化学防治补救措施。

立枯病、青枯病：秧田期均可使用30%青枯灵可湿性粉剂30倍液喷雾一次。

稻瘟病、胡麻斑病：拔节期，用20%三环唑可湿性粉剂800～1 000倍液喷雾一次，抽穗前用40%富士一号乳油或可湿性粉剂，每公顷用1.5千克对水499.5倍液喷雾；抽穗时再喷一次。

稻曲病：孕穗期，用30%DT可湿性粉剂500倍液喷雾，亦可用5%井冈霉素水剂每公顷用1 500～2 250毫升，对水375千克，于水稻破口期和齐穗期各喷1次，每公顷用25%粉锈宁可湿性粉剂750克，对水337.5千克，在水稻孕穗后期和破口期喷雾。

防除杂草：水稻插秧后5～7天，用60%丁草胺乳油400～500倍液喷雾1次，可防除稗草、牛毛草、莎草等杂草；或用10%农得时可湿性粉剂2 000～2 500倍液喷雾1次，可防除鸭舌草、眼子菜、节节菜等阔叶性杂草。

3. 收获与贮运

（1）收获　水稻的谷粒70%变黄时应及时收割，要在霜前收割，在田间放片晾晒1周左右，再捆成小捆，在田间码成小码，或堆成小垛，一般在田间晾晒7～10天。

（2）贮运　为防止品种间混杂，要做到专车运输，单脱粒，做到脱粒在冻前，在换品种时，一定要彻底清理脱粒机，再脱粒

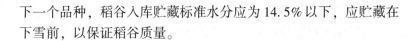

下一个品种，稻谷入库贮藏标准水分应为 14.5% 以下，应贮藏在下雪前，以保证稻谷质量。

四、有机水稻生产技术

（一）有机稻生产概述

有机稻是在原生态环境中，从育种到大田种植不施用化肥、农药，而采用生物、物理和农业措施相结合的方法防治病虫草害。有机稻经加工后产品为有机稻米。有机稻米按相关有机农业标准进行生产、加工，经有资质的独立认证机构认证并许可使用有机食品标志的产品，是具有现代科技含量的，集天然性、品质好、安全卫生为一体的健康食品。

发展有机稻生产具有多方面的重要意义。要有利于实现农业结构的战略性调整，并满足国内市场和出口贸易的发展需求；有利于提高农业产业化水平；能大幅提高稻米产品的附加值，促进农田增收和农民增收；能够控制化肥、农药对环境的污染，改善农业生态环境。

（二）有机稻生产的基地建设

1. 生产基地基本要求

有机稻米生产田块必须集中连片，其内不能夹杂非有机田块。必须远离污染源，如化工、电镀、水泥、工矿等企业，午睡污染区，废渣、废物、废料堆放区，交通干线边，大型养殖场及生活垃圾场等。生产基地与常规农业区之间必须有隔离带（如山、河、道路、人工林带等）或设立不少于 8 米的缓冲带，隔离带或缓冲带应有明显的标志，缓冲带上若种植作物应按有机方式栽培，但收获的产品只能按常规处理，建立相对独立的排灌系统或采取有效措施保证所用的灌溉水不受禁用物质的污染。

2. 环境质量要求

有机稻生产基地必须具备良好的生态环境，要求温度适宜、阳光充足、雨量充足、土层深厚、有机质含量高、空气清新、水质纯净，同时，要充分考虑相邻田块和周边环境对基地的影响，基地周边要有一定的防护措施，避免传统田块的农药、化肥和水流入或渗入有机田块。为确保基地符合有机稻米生产的基本条件，基地的周边环境（大气、土壤、水质）必须经国家环境保护总局有机食品发展中心指定部门检测。

土壤：有机稻米基地选择时，土壤环境质量应符合国家 GB 15618—1995《土壤环境质量标准》二级标准中有关农田或水田部分的要求，并应根据土壤环境和农药施用历史，选择性检测重金属和农药残留。

灌溉水：有机稻米生产基地灌溉水应符合国家标准 GB 5048—1992《农田灌溉水质标准》中有关水质部分的要求。尽可能选择优质水源灌溉，即便达标排放的各类污水、废水也不得使用。

空气：有机稻生产基地的空气质量应符合国家标准 GB 3095—1996《环境空气质量标准》二级标准要求。

3. 有机转换期要求

常规稻米生产可以施用化肥、农药、植物生长调节剂，这些物质的降解和清除需要一定的时间。为此，从常规稻米生长转到有机稻米生产需要有一个过渡时期，称为转换期。有机稻生产必须经过转换期，老稻田转换期不少于 24 个月。新开荒或多年稻田的转换期至少要 12 个月。转换期内生产基地的一切农事活动必须按有机农业要求操作，不允许使用任何化学合成的化肥、农药、植物生长调节剂等物质，而其生产的稻米只能按有机转换期产品处理。转换期内，生产期内应采取各种措施来恢复稻田生态系统的环境的活力，降低土壤有害物质含量，不断提高基地的环境质量。

（三）有机稻的品种选用

要求使用有机种子，在得不到认证的有机种子情况下（有机稻生产的初级阶段）可使用未经禁用物质处理的正常种子。无论是有机种子还是传统种子都必须选择适合当地土壤和气候特点的优质品种。要求对病虫害的抗（耐）性要强。禁止使用任何转基因种子。

（四）有机稻的肥料施用

有机稻的施肥原则是禁止使用一切人工合成化肥、植物生长调节剂和污水、污泥。必须创造农业生态系统良性养分循环条件，开发利用本地有机肥源，合理循环利用有机物质（经无害化处理）和商品有机肥、饼粕等。施肥的目的是肥沃土壤，有机微生物借助于有机养分而繁育生活，而微生物则是供给植物营养的主体。所以说，有机稻土壤培肥的主体是微生物而不是传统栽培稻的化学肥料。

有机稻生产的过程中一般制定切实可行的土壤培肥计划，建立尽可能完善的土壤营养物质循环体系，主要通过系统自身的力量获得养分、提高土壤肥力。有机稻的肥源和培肥方法主要有以下几种：一是种植绿肥。有机水稻田在秋冬季休耕时种植豆科绿肥，以达到培肥土壤的目的，当绿肥长至鲜草量最大时，进行耕翻沤制。提倡稻草还田，培肥土壤，严禁焚烧；二是沤制或堆制肥料。沤制肥料是在专门的沤肥池沤制秸秆、牧畜粪便，密封粪池经过一段时间的嫌气发酵后使用，一般作为追肥。堆制肥料是利用秸秆、牲畜粪尿和适量的矿物质、草木灰等物质进行堆制使其腐熟，一般作为基肥利用，为了缩短基肥发酵时间，可加入适当的催化剂，例如，EM 菌、酵母苗及木醋液等。沤制或堆制肥料时，可使用有机基地内的农家肥、农产品残渣及有机物质需经认证机构认可。有机肥施用前应沤制腐熟，总量应控制，一面对环境造成污染。四是购买有机肥。基地内有机肥源不足时，可购买经过有机认证机构认证的商品有机肥、生物肥。禁止使用任何化学合成肥料，不能直接使用集约化养殖场畜禽粪便及产物。

由于有机肥效缓慢、肥力稳长，在肥料施用上，中期适当补施，控制后期肥料用量。通常方法：结合土壤耕翻，可用商品有机肥 200 千克/亩作基肥；水稻移栽后 10 ~ 15 天后，追施商品有机肥 100 千克/亩；水稻生长后期，对于脱力落黄的地块再追施 50 千克/亩左右。

（五）有机稻的水分管理

应充分利用灌溉水来调节稻田的水、肥、气、热，创造适宜水稻各生育阶段生长的田间小气候。移栽水稻的活棵期田间保持 3 ~ 4 厘米的浅水层，分蘖期间歇灌溉，搁田期分次轻搁，灌浆期干湿交替，即"浅 - 湿 - 浅"，成熟前一周断水以后，通过科学的水分管理达到健康栽培目的，特别要注意适时搁田，控制水稻群体数量，提高植株抗病虫能力。必须加强灌溉管理。要明确专职管水员，定期检查检测水质，发现问题及时采取有效措施。要密切关注有机稻基地缓冲区和游离地区农田集中用药期，在上游农田用药高峰期，有机稻田暂停取水。

（六）有机稻病虫草害防治

有机稻米的生产技术难点是病虫草害的控制。要因地制宜制定有效的病虫草防治计划，充分利用品种抗性及生态系统的自我调节机制减轻病虫草害的发生，再辅之以生物、物理的方法进行综合防治。病虫草害控制的基本方法：选用抗病虫水稻品种；选择合理的茬口、播种时期以避开病虫的高发期；采用合理的栽培措施、轮作措施减轻或控制病虫草害；采用稻鸭共作、稻田养鱼等种养结合的方法来控制病虫草害；充分利用和保护天敌来控制病虫草害；采用机械诱捕、灯光诱捕和物理性捕虫措施防治病虫

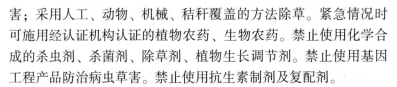

害；采用人工、动物、机械、秸秆覆盖的方法除草。紧急情况时可施用经认证机构认证的植物农药、生物农药。禁止使用化学合成的杀虫剂、杀菌剂、除草剂、植物生长调节剂。禁止使用基因工程产品防治病虫草害。禁止使用抗生素制剂及复配剂。

1. 病害防治

水稻病害主要有恶苗病、稻瘟病、纹枯病和稻曲病等。方法上以农业防治为主，重点通过培育壮秧、合理密植、科学调控肥水、适时晒田等水稻健身栽培措施来增强植株的抗性，改善田间小气候，减轻病害的发生；如病害严重时，选用经有机认证机构认可的生物农药防治。

（1）稻恶苗病　又称白秆病，系水稻地上部的一种真菌病害。病原菌是子囊菌亚门的藤仓赤霉菌。无性态为半知菌亚门的串珠镰孢。从秧苗期至抽穗期均可发病。病株徒长，瘦弱，黄化，通常比健株高 3～10 厘米，极易识别。病株基部节上常有倒生的气生根，并有粉红霉层。病菌发育适温 25℃左右，种子带菌。选用无病种子或播种前用药剂浸种是防治的关键措施。

（2）稻瘟病　稻瘟病是水稻上最重要的病害之一，分布广，为害大，常常造成不同程度的减产，还使稻米品质降低。稻瘟病的发生和流行，主要受品种抗病性、肥水管理和气候条件的影响，其中品种抗病性的相对稳定性又常受病菌生理小种的变化而发生变异。肥水管理的好坏是影响稻株抗病力的重要因素，气候条件是影响病害发生流行的必要条件。

（3）稻纹枯病　对发病稻田，应掌握孕穗期病株率达30%～40%时施药。药液要喷在稻株中、下部。采用泼浇法，田里应保持3～5厘米浇水层。施用井岗霉素时，最好在雨后晴天进行，或在施药后两小时内不下大雨时进行。亩用5%井冈霉素水剂100～150毫升，或井冈霉素高浓度粉剂25克，任选一种，对水100千克常规喷雾，或对水400千克泼浇。

（4）水稻稻曲病又称伪黑穗病、绿黑穗病、谷花病、青粉病，俗称"丰产果"。该病只发生于穗部，为害部分谷粒。选用抗病品种，北方稻区的京稻选 1 号、沈农 514、丰锦、辽粳 10 号等发病轻。

在稻曲病常发期，将稻瘟康按 300 倍液稀释，进行喷雾，重点喷药的部位是植株的上部。防治：使用奥力克稻瘟康 50 毫升加大蒜油 15 毫升，对水 15kg 进行喷雾，并添加适量渗透剂如有机硅等，进行全株喷雾，3 天用药 2 次。改进施肥技术，基肥要足，慎用穗肥，采用配方施肥。浅水勤灌，后期见干见湿。避免病田留种，深耕翻埋菌核。发病时摘除并销毁病粒。

氟硅唑咪鲜胺加嘧啶核苷类抗菌素农用抗菌素 120 防治，或用 2% 福尔马林或 0.5% 硫酸铜浸种 3 ~ 5 小时。抽穗前用 18% 多菌酮粉剂 150 ~ 200 克或于水稻孕穗末期每亩用 14% 络氨铜水剂 250 克，稻丰灵 200 克，或 5% 井冈霉素水剂 100 克，对水 50 升喷洒。用 50% DT 可湿性粉剂 100 ~ 150 克，对水 60 ~ 75 升。用 40% 禾枯灵可湿性粉剂，每亩用药 60 ~ 5 克，以水稻抽穗前 7 ~ 10 天为宜。每亩用 12.5% 纹霉清水剂 400 ~ 500 毫升；或 12.5% 克纹霉水剂 300 ~ 450 毫升；或 5% 井冈霉素水剂 400 ~ 500 毫升，对水 37.5 千克喷雾。杀菌农药可减至每亩 300 毫升，对水喷雾。

2. 虫害防治

水稻害虫主要有稻蓟马、稻飞虱、稻纵卷叶螟、螟虫等，在防治上采用综合措施，减少病虫危害，使损失率控制在 8% 以内，确保田间无大面积白叶、白穗和枯死。

（1）农业防治　提倡机械插秧，扩行稀植，健身栽培，增强植株的抗逆性。二化螟、三化螟是秧苗田最主要的害虫采用无纺布育苗可以有效隔离。

（2）物理防治　安装频振式杀虫灯诱杀害虫，在田四周田埂或沟边上安装，既便于操作，又便于将诱杀的昆虫供鸭取食。安装标准为灯距 150 米左右，每 15 亩使用一盏，灯亮度 1.2 ~ 1.5 米为宜，安装时间为 7 月上旬至 9 月底，天黑开灯，天亮关灯，雨天不开灯，定时清洁，及时维护。采用防虫网全程覆盖，可阻隔害虫进入田间，切断害虫繁殖途径，有效控制各类害虫为害和预防病毒传播。防虫网覆盖时，为防止收麦时大量灰飞虱迁入，在大面积小麦收割之前 15 天左右，根据定制防虫网规格在水稻田上搭好钢架棚，用由白色高强度聚酯纱线编织而成的 30 目防虫网在钢架顶上及四周蒙上，实施全覆盖，在全覆盖的田中移栽水稻和生产管理。

（3）生物防治　一是加强检测，健全害虫测报系统，准确掌握虫情，达标防治；二是利用现有自然天敌（蜘蛛、寄生蜂、蛙类等）控制害虫数量；三是稻田养鸭，通过鸭食虫性来控制田间害虫（特别是飞虱）发生数量；四是药剂防治，选用经有机认证的生物农药和植物性农药如苏云金芽孢杆菌、苦参碱进行适期挑治，重点抓好一代、二代螟虫及二代稻纵卷叶螟和二代飞虱的防治，控制害虫基数。

3. 杂草防治

主要是采用诱草灭草、以苗压草、以水压草和养鸭除草等方法。大田在水稻移栽前 20 天灌跑马水，保持土壤湿润以诱杂草发芽，并通过耕翻压杂草基数。通过培育壮秧、合理密植、增加基本苗和科学的水浆管理（草发芽时灌深水）等措施，达到抑制杂草生长的目的。利用鸭吃草和田间活动控制田间杂草的发生。

【思考与练习】

1. 东北粳稻高产栽培技术有哪些关键环节？
2. 沿黄粳稻高产栽培技术有哪些关键环节？
3. 什么是有机稻？有机稻的病虫害如何防治？

模块九　北方水稻生产成本核算与产品销售

【学习目标】

1. 了解当前我国稻米产业发展的制约因素
2. 掌握水稻产业化经营的主要组织模式
3. 学会分析水稻生产的成本

一、北方水稻市场营销与种植决策

1. 水稻市场营销现状

发展水稻产业化经营是促进农业结构战略性调整解决"三农"问题的重要和有效途径，是提高农业效益、增强农业市场竞争力、增加农民收入的有效举措，是实现经济转型、发展接续产业的重要内容。发展水稻产业化经营，可以促进农业和农村经济结构战略性调整向广度和深度进军，有效拉长水稻产业链条，增加水稻附加值，使水稻的整体效益得到显著提高，增加农民的收入。所以掌握水稻产业化与市场营销的相关知识，是在当今农业发展的前提下，必不可少的一项技能。

当前，我国稻米产业发展还受到一些因素的制约。

①优质品种应用较少，规模化的生产布局尚未形成。

②稻米质量安全生产发展较慢，品牌优势较弱。目前稻米质量安全建设尚处于起步阶段，获得绿色食品或无公害食品产地认证的较少。由于水稻生产受水环境影响较大，污水及化肥和农药过量使用等，造成生产过程中污染严重，使产品安全质量难以保证。

③加工设备和技术比较落后。与国外先进加工企业相比，国内稻米加工企业的设备和技术还存在一定的差距，特别是分级、抛光、色选等几个主要环节。

④大米产业化开发程度较低，没有形成完整的产业链。产、加、销脱节，没有形成整体优势。

⑤社会化服务体系不健全。目前加工企业与农户之间大多是一种松散型关系，"龙头企业＋基地＋农户"或"龙头企业＋经济合作组织＋农户"的机制未能很好实施。

⑥农田基础设施仍较薄弱，影响了水稻生产质和量的稳定性。

2. 目前北方水稻种植决策

我国农户种植水稻的决策主要取向于近几年水稻市场的销售情况，销售情况好，利润高，农户种植积极性就高。目前，我国水稻的多种需求刚性上升，农户种植水稻的收入比较稳定，种植风险较小，因此可以进行种植，首先水稻作为主要的粮食作物在我国的需求量很大，不同地域的消费者由将其需求空间放大。我国在推进水稻产业化经营方面做了多种具体部署。

着力培育水稻产业化龙头企业：要做大做强水稻产业化龙头企业，重点以省、市级水稻龙头企业为主，加快培育国家级重点水稻龙头企业。要培育一批精深加工水稻龙头企业，全力推动技术密集型和劳动密集型精深加工企业的共同发展，同时带动畜产品、水产品深加工，重点以发展市级水稻龙头企业为主。

加强水稻产业化基地建设：要加强水稻基地建设，重点搞好水稻产业布局、设施配套、标准化生产，不断提高品种质量，强化品牌标识，扩大订单覆盖面，促进专业化、规模化、集约化、契约化水平的不断提高。

加大水稻产业的资金投入和政策扶持力度：各级政府要按照中央及省、市制定的水稻产业扶持政策，积极引导和加大水稻产业投入力度，积极安排支持水稻产业化发展的专项资金，对水稻生产给予相应的政策补贴。

加强中介服务组织和农产品市场体系建设：大力发展农民合作服务组织，加速改造传统部门和社会性服务项目组织，鼓励农民合作服务组织打破区域界限建会设点，推动服务组织之间联合。

加强产业化利益联结机制建设：以发展和完善合同订单模式为重点，通过重点推进利益联结机制建设，大力倡导水稻产业化，"龙头企业 + 中介组织 + 农户"的订单农业模式，发展规范的订单农业。同时要逐步深化利益联结机制，引导农民以土地、产品、资金等要素入股的方式，参与水稻产业化经营，从加工和流通环节分得利润。

在科研技术方面，实施阳光工程，抓好经营者、生产者、经纪人队伍的培训。实施好水稻科技产业重点工程，推进农林牧渔各业名优特品种的产业化工程。抓好农业科技示范基地建设，充分发挥高科技农业园区示范区、农业科技示范场、农业科技大户等基地的科技开发、试验、示范、辐射作用，不断深化农业科技体制的改革，积极推进水稻产业化基地的标准、安全、优质生产。全力提高水稻的良种化水平，利用科技促进水稻产业化信息工程建设，实行水稻产业化龙头企业、基地、中介服务组织、农产品市场信息的联网，加快推进项目库建设。

3. 水稻产业化经营的组织模式

当前水稻产业化经营的主要模式有"公司 + 农户""公司 + 基地 + 农户"和"公司 + 合作社 + 农户"等主要模式。

（1）"公司 + 农户"模式　应该说这是对直接的一种经营模式。"公司 + 农户"模式的农业产业化经营组织是以一个技术先进、资金雄厚的公司作为龙头企业，利用合同契约的形式把农户生产与公司加工、销售联结起来。公司和农户在市场上按照农产品供求关系的变化进行购销活动。公司想买多少、何时买、何地买以及用什么价格买进都受市场的影响和约束，同样，农户想要突出自己的产品也要接受市场的选择。受市场波动的影响，农产品在公司与农户之间很难获得稳定的供求关系，价格低了对农民不利，价格高了又对公司不利。公司与农户的财产各自独立，互不参与管理与干涉其使用。通过这种模式，公司获取相对稳定的上游收购渠道，降低购进成本；对农户来说，在实行农业产业化后农户找到了相对稳定的销路。

（2）"公司＋基地＋农户"模式　"公司＋基地＋农户"模式在于通过基地向公司提供农产品，基地成为了公司的代理方。基地对分散的农户进行监督和约束，公司提供生产技术、农资供应、政策信息传递等统一的服务。同时也是农民的利益代表，对公司挤占农民利益的行为也能进行约束。基地作为连接公司和农户的桥梁，保障公司和农户之间的沟通。

和上面介绍的"公司＋农户"模式相比较，其特点是这种组织模式较之"公司＋农户"，克服了不足，同时延续了优点。在公司与农户签订的契约中也改变了"公司＋农户"形式下规定协议价格的做法，一般只签订了最低保护价格：在规定的收购时限内，如市场整体价格低于保护价格，则按保护价格收购；如市场价格高于保护价格，则按市场整体价格进行收购。

（3）"公司＋合作社＋农户"模式　在公司与农户之间，加入了合作经济组织的作用。通过合作社等合作经济组织把分散的农民组织起来，以公司为龙头，以合作经济组织为纽带，以众多专业农户为基础，提供从技术服务到生产资料服务再到销售服务的产加销、贸工农一体化全方位服务，把公司、农户与合作经济组织紧密联系在一起，形成产业化经营组织。

这种模式既发挥龙头企业对农户的拉动作用，又通过农民自愿组建、自愿加入的合作组织，提高了农民的组织化程度。从本质上来说，这个模式与"公司＋基地＋农户"一样，通过加入第三方的力量，使得公司与分散的农户之间存在了更稳定的利益联结。

4. 水稻产品营销主要组织方式

（1）根据其组建层次、性质和与农民利益的联结程度，主要分为农产品行业协会、农民专业协会和农民专业合作社

①农产品行业协会。这种形式也称农业产业协会，一般在县及县级以上组建，主要由从事同一农产品加工、流通、推广、生产、科研等的企事业单位发起，为推进行业整体发展，谋求行业共同利益，而将与这一产业相关的组织（有的也包括专业大户）自愿组织起来的非营利性社团合作组织。其主要功能是行业整合、行业服务、行业自律、行业维权。

②农民专业协会。这种形式一般在县或县级以下组建，主要由生产同一农产品的农民和相关的农技推广组织等发起，为应用先进技术和信息服务，提高产品品质，促进农民增收，而将与这一产品或产业相关的农民（有的也包括推广、科研、企业等单位）自愿组织起来的非营利性社团合作组织。其主要功能是开展供种供肥、技术推广、标准化生产和销售中介等服务。

③农民专业合作社。这种形式一般在乡（镇）、村组建，主要由生产、经营、推广同一农产品的农民或农技推广组织、加工流通企业等发起，为推进产业发展，提高产品竞争力，促进农民增收，而将与这一产品或产业相关的农民（有的也包括推广、科研、企业等单位）自愿组织起来的经营性合作组织。其主要功能除农民专业协会的功能外，主要还进行产品销售。实行统一收购、统一包装、统一营销；在确定收购价格时，有的合作社实行"下保底上不限"政策，当市场价低于保护价时按保护价收购，当市场价高于保护价时按市场价收购；年终盈余一般按交售额和股金额相结合的办法进行二次返利。

（2）根据其依托组建的主体不同，主要分为大户牵头型、农技部门牵头型、供销部门牵头型、龙头企业牵头型、市场牵头型和基层组织牵头型

①大户牵头型。这种形式一般就是由农村生产或者营销专业

大户牵头兴办，形式就是农民专业合作社；利用了原有的生产技术、产品营销队伍和营销网络优势；以合作社或协会的名义直接注册商标、制定和实施生产质量标准进行市场开拓；应该说这样的销售组织是最紧密的。

②基层农技部门牵头兴办。一般以组建协会居多，利用了农技部门的技术、服务等优势，在产前、产中、产后的统一服务和实施农业标准化等方面作用较为明显，但在统一市场营销方面较为缺乏。

③供销部门牵头型。这种类型的主要特征是基层供销部门牵头或参股兴办，一般以组建合作社为主，利用了基层供销部门的场地、经营等优势，在统一商标、统一标准、统一营销，提高市场竞争力方面作用较为明显，股金结构往往由供销部门控制。

④龙头企业牵头型。它的主要特征是由农业龙头企业牵头兴办，一般以组建合作社为主，利用了龙头企业的加工、品牌、营销优势，成员产品往往由龙头企业加工后销售，股金结构往往由龙头企业控股，合作组织与龙头企业往往合而为一，把合作组织作为龙头企业的生产基地，多数合作组织与成员的利益联结不够紧密。

⑤市场牵头型。这种类型的主要特征是依托农产品批发市场兴办，一般以组建协会居多，利用了产地市场的流通、中介优势，成员产品往往通过市场平台交易，多数合作组织主要以提供市场信息等服务为主，不直接从事经营活动。

⑥基层组织牵头型。这种类型的主要特征是由村支部书记或村民委员会主任牵头，一般以围绕本村的传统主导产业组建合作社居多；利用了村党支部、村委会、村集体经济组织的组织优势，有的也以村集体资金入股；成员往往局限于本村，在市场营销方面较为缺乏。

5. 稻米产品营销模式

①直接销售式。即合作组织收购社员的产品后直接实行销

售。采用这种销售方式的一般以大户等牵头兴办的合作社为主，也有下设营销中心、配送中心的协会。它们完全以合作组织为市场主体，按照现代企业的管理要求和品牌经营的营销理念，把成员的产品推向市场，降低交易成本，减少市场风险，提高合作组织的效益，促进成员增收。

②企业对接式。即合作组织与加工、流通企业对接，通过龙头企业把合作组织的产品加工提升后进入市场。采用这种销售方式的一般以龙头企业牵头兴办的合作社为主。

③市场带动式。即合作组织通过产地市场，吸引客户参与交易，帮助农户销售产品。采用这种销售方式的一般以市场牵头兴办的合作组织为主，也有合作组织为成员提供交易平台而创办市场形成。

④成员销售式。即通过合作组织内部成员把农产品销往市场。采用这种销售方式的一般以协会为主，把生产农户、营销大户同时吸收为成员，通过协会实现生产农户与营销大户的对接。

农村专业合作组织销售产品，在实际运作中往往同时采用二种或几种方式。

二、北方水稻生产成本分析

1. 水稻生产成本分析

农产品成本核算是农业经济核算的组成部分，通过农产品成本核算，才能正确反映生产消耗和经营成果，寻求降低成本途径，从而有效改善和加强经营管理，促进增产增收。通过成本核算也可以为生产经营者合理安排生产布局，调整产业结构提供经济依据。

（1）农产品生产成本核算要点

①成本核算对象。根据种植业生产特点和成本管理要求，按照"主要从细，次要从简"原则确定成本核算对象。玉米为主要

农产品，因此，一般应单独核算其生产成本。

②成本核算周期。玉米的成本核算的截止日期应算至入库或在场上能够销售。一般规定一年计算一次成本。

③成本核算项目。一是直接材料费，是指生产中耗用的自产或外购的种子、农药、肥料、地膜等。二是直接人工费，是指直接从事生产人员的工资、津贴、奖金、福利费等。三是机械作业费，是指生产过程中进行耕耙、播种、施肥、中耕除草、喷药、灌溉、收割等机械作业发生的费用支出。四是其他直接费。除以上三种费用以外的其他费用。

④成本核算指标。有两种：一是单位面积成本，二是单位产量成本。单位面积成本为常用核算指标。

（2）水稻生产成本核算案例　近两年，农民普遍认为，粮价虽有上升趋势，但生产资料价格上涨更快、幅度更大，种粮成本不断追加，经济效益并没有得到大幅提高。大户规模经营成本的投入尚可接受，而分散小户的种粮积极性还需国家补贴来加以维系。这里逐一对水稻生产成本加以分析，为农户自主选择适栽作物提供参考，亦为政府农补决策的制定提供基础材料。水稻的生产成本项目主要有种子、肥料、药剂、整地、人工费用等。具体核算如下。

①种子费：2013 年每亩平均种子费 33.48 元，比 2012 年的 36.41 元减少 2.93 元，下降 8.05%。

②化肥费：化肥费有较大降幅，2013 年水稻每亩化肥费平均为 163.48 元，比 2012 年的 176.32 元减少 12.84 元，下降 7.28%。

③农药费：2013 年水稻每亩平均农药费为 40.36 元，比 2012 年的 40.90 元减少 0.54 元，减少 1.32%，基本保持平稳。

④机械作业费：2013 年水稻每亩机械作业费平均为 215.65 元，比 2012 年的 207.36 元增加 8.29 元，上升 4.00%。

⑤间接费：2013 年间接费用有较大变化，其中大洼 9 户农户

增加了保险费用，平均每户34.07元。管理费2013年每亩平均为17.03元，比2012年的25.52减少8.49元，下降33.27%。

人工成本上升较大。水稻每亩平均人工成本为694.47元，比2012年的546.49元增加147.98元，上升27.08%。其中：家庭用工折价2013年为609.12元，比2012年的462.17元，增加146.95元，上升31.80%。雇工费用2013年为85.35元，比2012年的84.32元，增加1.03元，上升1.22%。

土地成本：水稻每亩平均土地成本为380.50元，比2012年的387.12元，减少6.62元，下降1.71%。

⑥总生产成本。以上合计生产成本投入总计约4 027元/公顷。可见，化肥量和劳动用工量是水稻生产的主要影响因素，人工费用的计量方法将直接影响水稻生产成本和经济效益的核算。

（3）水稻生产效益分析案例

①水稻亩产量略有增加，主要是因为生长期内气候比较适宜，日照时间长，基本没发生较大的病虫害，水稻后期生长的养分供给充足。

②人工成本涨幅较大时导致成本增加的主因。近几年劳动日工价持续上涨，虽然今年上涨幅度有所减少，但依然对水稻生产成本产生了较大影响。

③水稻平均出售价格低于国家收购保护价是因为大洼县部分水稻由农业公司机械作业，并在田里直接收购。

④由于柴油涨价和人工涨价，使今年的机械作业费用涨幅较大。

⑤化肥费有所减少主要原因是化肥用量有所减少。其中氮肥2013年用量26.21千克，比去年的每亩28.62千克减少2.11千克，下降21.29%；三元素复合肥2013年用量7.50千克，比去年的10.93千克减少3.43千克，下降31.38%。

（4）水稻生产亟待解决的问题与建议

①亟待破解农村种田劳动力日益短缺问题　在调查中发现，

当前种田农民年龄偏大，平均在 50 岁以上，青壮年劳力基本在外打工，一方面导致人工短缺，费用上涨，另一方面可能会导致未来水稻生产危机问题。可通过政策性调整，引导水稻种植向集约化、合作化、股份化、机械化等不同方向发展，并总结经验，寻找破解危机的有效手段。

②需要进一步做好农业生产和服务 农业生产和农业科学管理部门，应在粮食种植前期，加强天气、土壤检测、品种推荐、技术服务、市场预测等信息服务，引导农民根据气象和土壤特点选择品种、选择种植技术等，保证水稻生产始终能够稳产高产，确保农民收入水平不断提高。

③鼓励和倡导农民施用农家粪肥 调查中发现，农家肥的使用始终占比较小，还有下降趋势，长此以往土壤和地力势必下降，造成产量减少。因此，建议农业生产管理部门及舆论宣传部门大力进行宣传鼓动，鼓励和倡导农民施用农家粪肥，改善地力，用以保证粮食生产的后劲，确保粮食丰收。

2. 水稻生产控制成本措施

近年来，水稻收购价格明显走低，而农资价格却居高不下，造成种粮成本增加，这就决定了农民种粮收益不会太高，给农民增收带来不利影响，一定程度挫伤了农民的种粮热情。因此应保证粮食稳产高产，降低农业生产成本，努力使农民从种粮中获取较大的经济效益。

（1）积极推广粮食优质品种 粮食生产种子是关键，农民最希望能买到高质量优质品种。建议有关部门在引进优质品种、推广农业科技上下功夫，利用当地优势，普及优质、高产的品种，提高农业科技含量和市场竞争力。

（2）加强农资生产和市场监管力度 继续规范和整顿农资市场秩序，遏制农资价格过快上涨势头；严厉打击假冒伪劣，查处制假、销假、坑农害农的经营户；鼓励竞争，遏制垄断，稳定供销渠道和市场价格。

（3）建立储备调节制度　要完善农业风险保障机制，对重要的农产品建立必要的储备调节制度，搞好市场吞吐，做到以丰补欠，平抑市场价格。

（4）当好参谋　在调整种植结构、优化品种、发展水稻产业方面，政府要当好农民的参谋和助手，要从种子选育入手，在开发和种植新品种上下功夫，合理安排水稻生产，指导农民调整结构，提高经济效益。

（5）搞好服务　政府要做好市场前景预测和信息发布，加强动态分析，及时向农民提供各种市场和价格的最新信息，使他们能及早了解各种信息资料，减少不必要的损失，帮助农民增产增收。

3. 水稻生产的农业保险

农业保险是专为农业生产者在从事种植业、林业、畜牧业和渔业生产过程中，对遭受自然灾害、意外事故、疫病、疾病等保险事故所造成的经济损失提供保障的一种保险。农业保险按农业种类不同分为种植业保险、养殖业保险；按危险性质分为自然灾害损失保险、病虫害损失保险、疾病死亡保险、意外事故损失保险；按保险责任范围不同，可分为基本责任险、综合责任险和一切险；按赔付办法可分为种植业损失险和收获险。《农业保险条例》自 2013 年 3 月 1 日起已开始施行。

（1）水稻生产可利用的农业保险

①农作物保险。农作物保险以水稻、小麦、玉米等粮食作物和棉花、烟叶等经济作物为对象，以各种作物在生长期间因自然灾害或意外事故使收获量价值或生产费用遭受损失为承保责任的保险。在作物生长期间，其收获量有相当部分是取决于土壤环境和自然条件、作物对自然灾害的抗御能力、生产者的培育管理。因此，在以收获量价值作为保险标的时，应留给被保险人自保一定成数，促使其精耕细作和加强作物管理。如果以生产成本为保险标的，则按照作物在不同时期、处于不同生长阶段投入的生产

费用，采取定额承保。

②收获期农作物保险。收获期农作物保险以粮食作物或经济作物收割后的初级农产品价值为承保对象，即是作物处于晾晒、脱粒、烘烤等初级加工阶段时的一种短期保险。

（2）农业保险的经营 农业保险为国家的农业政策服务，为农业生产提供风险保障。农业保险的经营原则是：收支平衡，小灾略有结余丰年加快积累，以备大灾之年，实现社会效益和公司自身经济效益的统一。

政策性农业保险是国家支农惠农的政策之一，是一项长期的工作，需要建立长期有效的管理机制，公司对政策性农险长期发展提出以下几点建议：要有政府的高度重视和支持；坚持以政策性农业保险的方式不动摇；政策性农险的核心是政府统一组织投保、收费和大灾兜底，保险公司帮助设计风险评估和理赔机制并管理风险基金；出台相应的政策法规，做到政策性农险有法可依；各级应该加强宣传力度，使农业保险的惠农支农政策家喻户晓，以下促上；农业保险和农村保险共同发展。农村对保险的需求空间很大，而且还会逐年增加，农业保险的网络可以为广大农村提供商业保险供给，满足日益增长的农村保险需求，使资源得到充分利用；协调各职能部门关系，建立相应的机构组织，保证农业保险的顺利实施；其次各级财政部门应该对下拨的财政资金最好进行省级直接预拨，省级公司统一结算，保证资金流向明确，足额及时，保证操作依法合规；长期坚持农作物生长期保险和成本保险的策略；养殖业保险以大牲畜、集约化养殖保险为主。但不能足额承保，需给投保人留有较大的自留额，同时要实行一定比例的绝对免赔率。

（3）我国农业保险的发展 农业保险，关乎国家的粮食安全。这项工作正在"试点"之中。面对国际粮价大幅上涨和国内农民种粮积极性不高这样一个严峻形势，农业保险必须尽快"推而广之"。

《农业保险条例》第三条，国家支持发展多种形式的农业保险，健全政策性农业保险制度。农业保险实行政府引导、市场运作、自主自愿和协同推进的原则。省、自治区、直辖市人民政府可以确定适合本地区实际的农业保险经营模式。任何单位和个人不得利用行政权力、职务或者职业便利以及其他方式强迫、限制农民或者农业生产经营组织参加农业保险。

①种粮户要有所投入。如《中共安徽省委安徽省人民政府致全省广大农民朋友的一封信》提出，要求农户保费投入每亩负担分别是水稻3元、小麦2.08元、玉米2.4元、棉花3元、油菜2.08元。对此，农民朋友们应该是能够接受的。

②国家财政有投入。如2008年中央财政将安排60.5亿元健全农业保险保费补贴制度。财政部表示，在推广保费补贴的试点省份，中央财政对种植业保险的保费比例提高至35%。随着农业保险工作的进一步推广，相信中央财政还将作出更多的投入。

③产粮区地方财政要有所补贴。如《中共安徽省委安徽省人民政府致全省广大农民朋友的一封信》中说，农业保险每亩保费中的财政补贴，水稻12元，小麦8.32元，玉米9.6元，棉花12元，油菜8.32元。这里"财政补贴"中的"大头"正是来自安徽的地方财政。

④销粮区地方财政亦应有所补贴。农业保险的投入，这看似"赔本的买卖"，但赚来的是老百姓的温饱，是社会的安定。这种"得益"，不仅是产粮区，也包括销粮区。所以，对农业保费的财政补贴，销粮区地方财政也应"切出一块"来，这叫"欲取之，必先予之"。

农业保险是国家粮食安全的保护伞。当下的农业生产，仍然要在很大程度上还是靠天吃饭。而有了农业保险，农民朋友，特别是那些种粮大户，便有了"东山再起"的信心和后劲。就全国来说，只是在"有积极性、有能力、也有条件开展农业保险的省份"搞试点，而像中国第一种田大户侯安杰所在的地方，"他跑了多家保险公司，也没人愿意承接他的农业保险业务"，这正表明农业保险亟须"四轮齐转"。

据统计，自然灾害每年给中国造成1 000亿元以上的经济损失，受害人口2亿多人次，其中，农民是最大的受害者，以往救灾主要靠民政救济、中央财政的应急机制和社会捐助，农业保险无疑可使农民得到更多的补偿和保障。

三、北方水稻产品价格与销售

（一）农产品价格变动信息获得

1. 农产品价格波动的规律

近些年来，我国一些农产品价格经历了忽高忽低的剧烈波动。其中，少数农产品价格的高位和低位波动甚至成为社会舆论热议的话题。2010年，"逗（豆）你玩"、"算（蒜）你狠"、"将（姜）你军"和"唐（糖）高宗"曾是社会上分别形象地比喻当时绿豆、大蒜、生姜和食用糖价格过度上涨的情形。农产品价格波动，一方面对农民收入和农民积极性产生直接影响，另一方面又关乎百姓的日常生活和切身利益。目前，影响价格变动的因素，主要有以下几方面。

（1）国家经济政策 虽然国家直接管理和干预农产品价格的种类已经很少，但是，国家政策，尤其是经济政策的制订与改变，都会对农产品价格产生一定的影响。

①国民经济发展速度。我国自改革开放以来，整个国民经济发展速度加快，每年以8%左右的速度递增。其中，工业与农业生产发展速度是国民经济的最基本的部分，二者发展中的比例直接影响到农产品价格。如果工业增长过快，农业增长相对缓慢，则造成农产品供给缺口拉大，必然引起农产品价格上涨；相反农产品增长过快，供给加大，则农产品价格下降。

②国家货币政策。国家为了调整整个国民经济的发展，经常通过调整货币政策来调控国家经济。其表现为：如果放开货币投放，使货币供给超过经济增长，货币流通超出市场商品流通的需要量，将引起货币贬值，农产品价格上涨；如果为抑制通货膨胀，国家可以采取紧缩银根的政策，控制信贷规模，提高货币存贷利率，减少市场货币流量，农产品价格就会逐渐回落。多年来，国家在货币方面的政策多次变动，都不同程度地影响农产品价格。

③国家进出口政策。国家为了发展同世界各国的友好关系，或者为了调节国内农产品的供需，经常会有农产品进出口业务的发生，如粮食、棉花、肉类等的进出口。农产品的进出口业务在我国加入 WTO 之后，对农产品的价格会带来很大影响。

④国家或地方的调控基金的使用。农产品价格不仅关系到农民的收入和农村经济的持续发展，还关系到广大消费者的基本生活，因此国家或地方政府就要建立必要的稳定农产品价格的基金。这部分基金如何使用，必然会影响到农产品的价格。除上述之外还有其他一些经济政策，如产业政策、农业生产资料供应政策等，都会不同程度地影响着农产品的价格。尤其是我国加入WTO 之后，农产品价格必然会发生较大变化。

（2）农业生产状况　农业生产状况影响农产品价格，首先是指我国农业生产在很大程度上还受到自然灾害的影响，风调雨顺的年份，农产品丰收，价格平稳；如遇较大自然灾害时，农产品歉收，其价格就会上扬。其次，我国目前的小生产与大市场的格局，造成农业生产结构不能适应市场需求的变化，造成农产品品种上的过剩，使某些农产品价格发生波动。再次，就是农业生产所需原材料涨价，引起农产品成本发生变化而直接影响到农产品价格。

（3）市场供需　绝大部分农产品价格的放开，受到市场供需状况的影响。市场上农产品供求不平衡是经常的，因此必然引起农产品价格随供求变化而变化。尤其当前广大农民对市场还比较陌生，其生产决策总以当年农产品行情为依据，造成某些农产品经常出现供不应求或供过于求的情况，其结果引起农产品价格发生变动。

（4）流通因素　自改革开放以来，除粮、棉、油、烟叶、茶叶、木材以外，其他农副产品都进入各地的集贸市场。因当前市场法规不健全，导致管理无序，农副产品被小商贩任意调价，同时，农产品销售渠道单一，流通不畅通，客观上影响着农产品的销售价格。

（5）媒体过度渲染　市场经济条件下，影响人们对农产品价格预期形成的因素多种多样。其中，媒体宣传可能会在人们形成对某种农产品价格一致性预期方面产生显著的影响。

从根本上来说，人们对农产品价格预期的形成，来源于自己所掌握的信息及其对信息的判断。当市场信息反复显示某种农产品价格在不断地上涨，或者在持续地下跌，这时人们就会形成农产品价格还将上涨的预期或者还将下跌的预期。

信息化时代，人们生活越来越离不开媒体及其信息传播。我国农产品市场一体化程度已经很高，媒体如果过度渲染，人们就会强化某种农产品价格的预期，产生的危害可能更大。媒体反复传播某地某种农产品价格上涨或者下跌，人们对价格还将上涨或者下跌的预期可能会不断增强而产生恐慌心理，采取非理性行为。

近来一些媒体广泛报道某些茶叶每两价格过万元的事件。多数媒体尽管持怀疑和批评态度，但是这也可能无意地被虚炒商人利用，实际起着传播茶叶价格已经大幅度上涨信息和强化人们形成预期的作用。如果媒体对于这类有价无市的茶叶"市场运作"置之不理，或者揭穿虚炒商人的真实意图，避免让普通消费者和生产经营者形成一致性预期而采取不理性的市场行为，少数虚炒商人也就无法在茶叶市场上"兴风作浪"。

市场经济条件下，农产品供求及其价格信息监测、发布和传播在促进农产品价格合理水平的形成等方面具有积极意义。但是，随着农产品金融化和交易虚拟化的出现，如果农产品市场信息被少数人用来恶意炒作，或者无意助推人们过度预期，则可能加剧农产品市场波动，严重干扰正常的农产品经营秩序，损害农业稳定发展以及农民和消费者的利益。为此，要加快农产品市场信息发布与传播立法，推进农产品市场信息法治化管理。凡是采集、加工、发布与传播农产品市场信息的主体，都必须符合一定的资质条件，并且必须按照科学的程序开展工作。发布农产品市场信息时必须提供信息采集样本的情况。通过农产品市场信息管理法治化进程，促进媒体自律。媒体发布和传播农产品市场信息需要符合资质条件的单位授权。媒体在采访农产品的极端价格发布和信息传播时，必须提供市场交易量和交易主体。

2. 农产品价格变动信息获取

农业生产是自然再生产与经济再生产相交织的过程，存在着自然与市场（价格）的双重风险。随着我国经济的发展，农民收入波动在整体上已经基本摆脱自然因素的影响，而主要受制于市场价格的不确定性。价格风险对农民来说，轻则收入减少，削弱发展基础；重则投资难以收回，次年生产只得靠借债度日。农产品价格风险主要源于市场供求变化和政府政策变动的影响。因此，对农民进行价格和政策的信息传播，使农民充分了解信息，及时调整生产策略和规避风险，显得尤为重要。要实现这一目的，首先要回答在信息多样化、传播渠道多元化的环境下，农民获取信息的渠道是什么？

（1）传统渠道　根据山东、山西和陕西三省 827 户农户信息获取渠道的调查数据的分析结果表明，无论是获取政策等政府信息，还是获取市场信息，农民获取的渠道主要是电视、朋友和村领导，信息渠道结构表现为高度集中化、单一化。在获取政策等政府信息时，有 74.4% 的农民首选的渠道是电视，其次是村领导和朋友，分别为55%和38.4%。在获取市场信息时，有56.6%的农民首选的渠道是朋友，其次才是电视和村领导，分别为49.3%和19.4%。农村中的其他传媒如报纸、广播、互联网等的作用微乎其微。

①广播。农村曾经是广播的主打市场，农民过去主要通过广播了解政策、获取信息、学习科技。随着农村经济的不断发展和农民生活水平的不断提高，广播已经逐渐退出人们的生活圈。

②电视。由于电视机的不断普及和其频道节目不断丰富，使其成为农民群众接收和了解外界信息的主要渠道，也是农民文化娱乐和业余消遣的主要方式。一天的劳作之后，农民通过电视了解到国家的方针政策、天气预报、生产资料和农副产品供求、农民关注的涉农技术信息等，但这方面的信息较少，使用的效率低，实用性也不强，主要还是以文化娱乐和业余消遣为主，农户真正从电视中获取的科技信息量非常少。

③人际传播媒介。人际传播媒介是农民获取信息的另一主要方式。通过与在村生产能人、致富带头人、亲戚朋友、技术员和村干部的面对面交流从中找到自己所需的科技信息。虽然较为贫困的农户也从大众媒介电视中获取信息，但他们看电视主要是满足消遣和娱乐，获取新技术和新品种等方面的信息，他们仍习惯于听取村能人或村领导的意见。由于是被动接收信息，很少主动地寻找科技信息、致富信息，而且由于这类信息不能及时、准确、快速地传递给农民，严重影响了信息的利用。

④移动电话。移动电话正在成为农民获取农业生产、农业经济、市场供求等各种信息的主要工具。近年来，农村移动电话的数量有较快上升趋势，农民对移动电话的接受认可程度越来越高，移动电话在农村具有了相当的普及率，用移动电话沟通、获取各种致富信息越来越成为农民获取信息的重要方式。农民安装电话的主要用途电话一是沟通生活信息；二是沟通、获取以农业新技术、新品种为主的农业生产信息；三是沟通、获取以农产品

销售等市场信息为主的农业经济信息；四是沟通、获取以外出务工就业信息为主的社会信息。

⑤纸质媒介。通过报纸、杂志、图书了解信息。这类信息来源量小，时效性差。存在报纸杂志订阅的数量和人均占有量极低，订阅分布非常不均衡，邮路不畅、受文化素质的制约等问题。而且在农村订阅的报纸杂志当中，主体是村集体按照上级政策要求订阅的党报党刊部分，农民自己花钱订阅的报刊很少。

（2）信息化时代渠道 近年来，国家和省级开始建立农业信息发布制度，规范发布标准和时间，农业信息发布和服务逐步走向制度化、规范化。农业部初步形成以"一网、一台、一报、一刊、一校"（即中国农业信息网、中国农业影视中心、农民日报社、中国农村杂志社和中央农业广播电视学校）等"五个一"为主体的信息发布窗口。多数省份着手制定信息发布的规章制度，对信息发布进行规范，并与电视、广播、报刊等新闻媒体合作，建立固定的信息发布窗口。这也成为农民获取农产品价格信息的主要渠道。

①通过互联网络获得信息。互联网具有信息容量大，传输速度快，没有时间和地域限制等特点，可实现全天候、无人值守的快节奏信息服务。农业部已建成具有较强技术支持和服务功能的信息网络（中国农业信息网），该网络布设基层信息采集点8 000多个，建立覆盖600多个农产品生产县的价格采集系统，建有280多个大型农产品批发市场的价格即时发布系统，拥有2.5万个注册用户的农村供求信息联播系统，每天发布各类农产品供求信息300多条，日点击量1.5万次以上。农业部全年定期分析发布的信息由2001年的255类扩大到285类。全国29个省（市、区）、1/2的地市和1/5的县建成农业信息服务平台，互联网络的信息服务功能日益强大。例如，江苏省丰台中华果都网面向种养大户、农民经纪人发展网员2 000名，采取"网上发信息，网下做交易"的形式开展农产品销售，两年实现网上销售3.5亿元。

此外，如农产品价格信息网（www.3w3n.com）、中国价格信息网（www.chinaprice.gov.cn）、中国农产品交易网（www.aptc.cn）、新农网（www.xinnong.com）、心欣农产品服务平台（www.xinxinjiage.com）、中国经济网实时农产品价格平台（www.ce.cn/cycs/ncp）、金农网（www.agri.com.cn）、中国惠农网（www.cnhnb.com）、中国企业信息在线网（www.nyxxzx.com）等也是农民获取价格信息的渠道。

②通过有关部门与电视台合作开办的栏目获得信息。一些地方结合现阶段农村计算机拥有率低，而电视普及率较高的实际，发挥农业部门技术优势，电视部门网络优势和农业网站信息资源优势，实施农技"电波入户"工程，提高农技服务水平和信息入户率。河北从1996年开始，实施农技"电波入户"工程。主要模式是：在县电视台设立"农技电波"栏目，以固定的次数和时段播出（每周播出2~4次，每次10~15分钟）。县农业局配置摄录编设备，建立农技制片中心，负责栏目内容的采编与制作。对农业热点问题及技术，由农业部门制成录像带或刻录成光盘发给乡村放映。目前，河北已建成农技"电波入户"省级示范县104个，开播县80个，2002年共播放节目7 445多期，收视率达到60%以上。

③通过有关部门开办电话热线获得信息。有的地方把农民急需的新优良种、市场供求、价格等信息汇集起来并建成专家决策库，转换成语音信息，通过语音提示电话或专家坐台咨询等方式为农户服务。浙江在省内73个市、县、区开通"农技110"统一咨询电话，农户拨打此号码，即自动转到本地市、县、区"农技110"办公室，由专家直接解答农民提出的各类问题。同时，浙江省还编制农技信息3 000多条，开通"农技110"自动语音提示电话，农民可随时查询。无论人工台和自动台，使用者只需支付市内电话费。这种方式既经济又适用，符合当前农村和农民实际。

④通过"农信通"等手机短信获得信息。借鉴股票机的成功

经验，在农村利用网络信息与手机、寻呼机相结合开展信息服务，仍有一定的开发空间。河南省农业厅、联通河南分公司、中国农网联袂推出"农信通"项目，利用河南省农业厅的行政监管服务职能、河南联通的传呼覆盖网络、中国农网的信息处理功能，以具有寻呼功能的手机、高科技信息处理终端为工具，向客户提供市场、科技等信息服务。"农信通"信息服务终端每天可接受 2 万余字农业科技、市场、文化生活信息，并可通过电话与互联网形成互动，及时发布农产品销售信息，专业大户依据需求还可点播、定制个性化信息。江苏每天通过寻呼机向省内 1 万个种养大户、农民经纪人发布农产品供求、价格、科技、劳务、气象和生活常识等信息。

⑤通过乡村信息服务站获得信息。一些地方通过建设信息入乡进村服务站，既向农民提供市场价格、技术等信息服务，又提供种苗、农用物资等配套服务，实现信息服务和物资服务的结合。安徽省于 2000 年启动"信息入乡"工程，开展信息进村、入户、到企活动，目前全省 83%的乡镇建立了信息服务网络，仅2002 年通过信息服务实现的农产品贸易额就达 10 亿元左右。河北省自 2001 年开展"科技进村"活动以来，有 258 个村站达到"五个一"（即有一部微机、一套放像设备、一部电话、一间门市、一个技术员）的标准。江西省新余市渝水区竹山村建成我国第一个信息村，全村 26 户每户有一台上网微机。

⑥通过中介组织获得信息。中介服务组织依托农业网站发布信息，既发挥网络快捷、信息量大的优势，又发挥中介组织经验丰富、客户群体集中的长处，成为今后农村信息服务的重要形式。吉林省扶余县采取官民联办方式，以县信息协会为龙头，组建 8 个乡镇信息分会，有 2 200 个农民经纪人加盟县、乡两级信息协会。在特色主导产业已具雏形的专业村，陆续组建优质水稻、绿色小米、温室油桃、梅花鹿及林蛙等 10 个专业协会，发展会员 1 300 多人，发挥了中介组织在依靠信息致富上的示范、

带着作用。

⑦通过"农民之家"获得信息。"农民之家"主要依托农业技术部门在县城内开设信息、技术咨询门市部，设立专业服务柜台及专家咨询台，并开通热线电话，实现农技服务由机关式向窗口式转变。2002年年初，浙江省兰溪市由农业部门牵头，林业、水利部门配合，创办集技术服务、信息咨询、品种展示、经营服务等多功能于一体的"农民之家"，设立种子、水果、蔬菜、畜禽等10多个服务专柜及专家咨询台，并开设专家热线电话，实现了科技人员与农民的面对面服务和远程咨询服务。

⑧通过乡村大集、板报和喇叭广播等传统方式获得信息。有的地方利用农村逛庙赶集机会，通过现场指导、专家咨询、发放"明白纸"、赠送书籍等形式，向农民传授农技知识。同时，乡村内刊、小报、"明白纸"、板报、墙报、"小喇叭"等都是传统而实用的信息传播形式，其特点是成本低、经常化、实用性强，与网络信息结合，在广大农村仍具有较强的生命力。河北省藁城市在科技下乡时，把农业专家的姓名、职称、服务内容、联系方式印成名片，发至农民手中，两年来向农民发放"科技名片"6万余张。吉林省扶余县把每年正月二十二作为"科技节"，把大专院校、科研单位及农资厂家、商家请来，直接把科研成果、技术和产品展示给农民。

（二）农产品销售策略

1. 北方水稻产品价格

北方各地水稻收购活动持续清淡，收购价格尚不稳定，局部地区价格仍有波动行情，部分地区有价无市和购销僵持状况依然存在。其主要反映在：由于今年水稻整体质量好于上年，但收购价格明显低于上年，长粒与圆粒品种水稻收购价格差距缩小，甚至有些地区收购价格基本持平，导致稻农卖粮积极性不高，持粮等价观望心态浓厚，据了解东北一些地区有国储水稻轮换补库收购，水分为 16% ~ 17%，出糙率为 79% ~ 81%，整精率为 62%，收购价格为 1.48 ~ 1.50 元/千克，由于收购质量要求较高，价格给的相对较低，除部分稻农急于用钱适当卖部分水稻外，多数稻农卖粮意愿低下，致使国储水稻收购入库较慢；此外，国有粮食购销企业仍在等待收粮贷款的发放，其他粮食经营主体入市收购较为慎重，收购数量也不大，一是收购粮食资金有限，低价收购水稻比较困难，二是本地需求消费十分有限，销往省外受铁路运输紧张，及公路严格限超和运输成本上涨等因素的影响，抑制了对水稻收购的积极性。

①哈尔滨地区水稻市场交易量不大，收购价格保持稳定，局部地区价格上扬，其中，五常长粒型收购价格为 1.80 元/千克，圆粒为 1.66 元/千克，方正长粒型收购价格为 1.72 元/千克；尚志长粒型收购价格为 1.74 元/千克，比上周涨 0.04 元/千克。

②齐齐哈尔地区水稻市场成交量不大，收购价格基本稳定，其中，泰来收购价格为 1.56 元/千克；龙江长粒型收购价格为 1.70 元/千克；依安长粒稻收购价格为 1.72 元/千克。

③牡丹江地区水稻收购价格稳定，但市场交易量不大。其中，宁安收购价格为 1.70 元/千克；海林收购价格为 1.68 元/千克；林口和穆棱收购价格均为 1.64 元/千克。

④佳木斯部分地区水稻收购价格下跌，部分地区价格较稳定，市场成交量不多。其中，富锦收购价格为 1.40 元/千克，比上周降 0.12 元/千克；桦南收购价格为 1.56 元/千克，比上周降 0.04 元/千克；汤原收购价格为 1.50 元/千克，比上周降 0.10 元/千克；抚远收购价格为 1.44 元/千克，比上周降 0.08 元/千克；建三江收购价格为 1.40 元/千克。

⑤绥化部分地区水稻收购价格稳定，部分地区价格下跌，但成交量不大。其中，北林收购价格为 1.64 元/千克；绥棱收购价格为 1.56 元/千克，比上周降 0.02 元/千克；庆安收购价格为 1.58 元/千克，比上周降 0.04 元/千克。

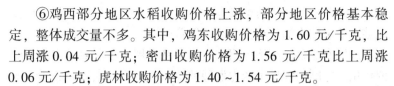

⑥鸡西部分地区水稻收购价格上涨，部分地区价格基本稳定，整体成交量不多。其中，鸡东收购价格为 1.60 元/千克，比上周涨 0.04 元/千克；密山收购价格为 1.56 元/千克比上周涨 0.06 元/千克；虎林收购价格为 1.40～1.54 元/千克。

⑦双鸭山部分地区水稻收购价格稳定，部分地区价格下降，成交量不大。其中，友谊收购价格为 1.44 元/千克，比上周降 0.08 元/千克；集贤收购价格为 1.64 元/千克；宝清收购价格为 1.46 元/千克，比上周降 0.04 元/千克。

2. 我国北方大米营销策略

首先，创立品牌要有一个好的品牌名称。好的品牌名称具备以下几个特点：一是与产品特性相符，质量过硬；二是朗朗上口、醒目易记；三是不犯忌讳。中国是多民族国家，各民族风俗习惯不同，大米品牌的名称应该尽量避免这方面的冲突；四是尽量少用产地品牌。因为商标法对产地、品牌的限制较多，而且产地品牌概念模糊，容易受同地产品侵袭。

基于购物行为的市场细分和市场策略：市场细分应依据顾客的类型划分现有顾客、竞品顾客、潜在顾客。市场策略是对于现有顾客，营销的目标是鼓励他们购买更多的产品和更多的品种，更经常和更持续地购买。对于竞品顾客，营销目标是促使他们发生品牌转换，从而攫取市场份额。而对于那些潜在顾客，他们可能尚不了解我们的产品，因此，可以通过产品手册、广告 POP、促销员解说、提供试吃等方式，让他们了解而逐渐接受。

宣传策略：对于大米产品的特性做宣传推广，主要体现健康和优质。方式可以分为终端售点广告宣传和户外广告宣传。终端宣传主要体现在销售终端的陈列、堆头、专柜、终端 POP 等。户外宣传主要体现在户外广告牌、报纸、车体等。

渠道策略：销售渠道是一个产品在现代销售渠道之中必须要建立的。没有一个完善的销售渠道和销售网络，产品就无法在市场上形成销售规模。销售渠道拥有庞大的终端，能够承担相应产品数量的分销，并且销售渠道必须承受很低的利润率。经销体系能够有效掌控终端，减少企业的经营风险。

农民专业合作经济组织在农村经济发展中正起着越来越重要的作用。它顺应农村生产力发展的要求，克服了农民单家独户走向市场面临的诸多难题，提高了农民进入市场的组织化程度，变一家一户的个体经营为合作经营，增强了农民抵御市场风险的能力。发展农民专业合作社，已成为深化农村改革的重要内容，成为农村经济发展和农民持续增收的必然要求，也是农业走向现代化的必由之路。

农民专业合作社在农产品营销过程中已经采取和还可采取的策略很多，归纳起来大约有以下 10 个方面。

（1）特色化营销策略　当前，在农产品市场呈现供过于求的情况下，"卖难"症结的主要原因就是产业结构的趋同化和产品的大众化。因此，有效的农产品营销策略之一，就是要通过合作组织的作用，引导农户走以特取胜、以特增收之路。随着人们生活水平的提高和消费观念的更新，不少消费者的口味正向大自然回归，热衷于吃粗粮、吃草食畜禽、吃野生蔬菜等。天然、野生、土特农产品需求量正在与日俱增，谁把握住了这个商机，谁就赢得了效益。如江苏省南通市通州区在这方面至少有两个成功的实例：一个是金沙镇双龙菱角专业合作社，看准菱角这一特色产品在市场上的消费潜力，改河塘深水栽培的传统模式，依托老板投资，大胆引进浅水设施栽培新技术，建成了全国最大的菱角设施栽培基地，使过去中秋节才能上市的菱角提前了一个多月，其产量、产值、效益成倍增长；另一个是东社香台特种蔬菜专业合作社，把一个名不见经传的野生香芋，做成了特色产业，亩收益由大宗作物 1 000～2 000 元，猛增到 6 000～8 000 元，受到南通市领导的肯定和支持。

（2）优质化营销策略　随着城乡居民生活质量的提高，人们在安全、营养、绿色、保健等方面的消费意识显著增强，热切期盼能吃上放心的粮、油、鱼、肉、菜、果等农产品。然而，在千家万户的小生产方式中，高毒、高残留农药的使用还屡禁不止，有害有毒物质还很难监控。为解决这些难题，不少专业合作社发挥了积极作用。如江苏省南通市通州区金沙水芹菜专业合作社，在生产过程中严格按"八不准"要求进行标准化生产，并申领了无公害农产品产地认定证书和无公害农产品证书，确保了产品质量，近年来，水芹菜以其嫩、绿、脆、香和无公害著称，深受消费者青睐，产品远销上海、北京和韩国等地，带动 950 名成员人均年增收 21 000 元；再如骑岸季庄青椒生产专业合作社，通过"五统一"等措施，生产出优质青椒，成为了上海市场的香饽饽。

（3）品牌化营销策略　品牌化是在优质化基础上的更高层次，品牌是一种无形资产，也是农产品走向大中型超市的通行证。现实生活中，当商品匮乏的时候，消费者没有选择的余地，主要愿望是有货可供；但当商品供应充裕之后，选择的余地大了，消费者就要选择好的品牌，好中选优是人之常情。当今的市场竞争已经进入品牌之争时代，以农产品营销为主要功能之一的专业合作社要做大做强，必须要有自己的品牌，这样才能占领市场，久盛不衰。江苏省南通市通州区东社镇景瑞蔬菜专业合作社，以无公害、绿色、有机的要求进行生产管理，创出了"景瑞"品牌，其蔬菜产品畅销沃尔玛、大润发、易初莲花、欧尚等上海各大超市；二甲镇海忠葡萄专业合作社，引进国内外最新品种 30 多个，通过地膜、钢架大棚、滴灌等设施栽培技术，培育出了早熟、高产、优质葡萄，注册了"奇园"牌商标，阳光玫瑰、巨玫瑰、醉金香、美人指、夏黑等品种多次被省（部）级评为金奖，其产品大部分被宾馆、饭店、商场等团购单位预订一空。

（4）订单化营销策略　在农产品市场处于买方市场的今天，发展订单农业尤为重要。农民专业合作组织，在与农产品加工企业、农贸市场、大中型超市等销售主体签订产销合同，建立长期合作关系的基础上，指导农民按规定种植品种、按标准生产产品、按时间数量交货，从而保证了农产品有一个稳定的生产和销售的渠道和空间。如南通青园蔬菜专业合作社，充分发挥了在商家和农民之间的桥梁和纽带作用，根据商家的需求组织农民生产，农民手里有了订单，就等于吃了定心丸，不愁生产的产品没人要。许多胆大的农民，不但在自己责任田种植效益高出常规作物好几倍的蔬菜，而且还通过流转土地租用缺少劳力和技术的农户土地种植蔬菜。再如十总镇柏树墩荷兰豆营销专业合作社，与江苏嘉安食品有限公司订立了长期产销合同，带动 1 311 户成员种植荷兰豆 1 298 亩，仅此一项就为农民增收近 400 万元，实现了龙头企业、专业合作社、农民三赢。

（5）加工化营销策略　一般的农产品通过加工，哪怕是最简单的加工，不但其价值大大攀升，而且会销得更快更好，这方面的实例是比较多的。江苏省南通市通州区四安镇的万和家禽养殖专业合作社，与农业龙头企业合作，将 628 户社员年饲养的 200 多万羽家禽，通过统一屠宰、分割、贮藏、包装，部分还深加工成熟食进行销售，不但打开了销路，而且满足了市场上不同消费群体的需求；二甲镇增福花生剥壳专业合作社，带动 518 户农户进行花生剥壳加工，有自动剥壳机 866 台，年加工花生米 30 000吨，产值超过两个亿，产品直销苏、浙、皖、沪、鲁等大中城市；骑岸镇爱民草绳加工专业合作社，变废为宝，改变了过去"遍地稻草无处去，付之一炬土也焦"的现象，把大量的、廉价的、多数农民视为累赘的稻草，加工成草绳后主销上海、浙江、福建等地，不仅减少了过去因燃烧稻草造成的污染，而且直接为种植水稻的农户每亩增收 30 元左右（一亩田稻草加工成草绳后可获益 700 余元）。

根据稻米加工的特点和要求，选择合适的设备，按照一定的加工顺序组合而成的生产作业线就是稻米加工工艺流程。主要分如下 4 个阶段。

①清理阶段主要清除稻谷中的各种杂质，以达到垄谷前干净

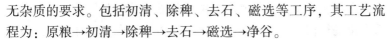

无杂质的要求。包括初清、除稗、去石、磁选等工序，其工艺流程为：原粮→初清→除稗→去石→磁选→净谷。

②垄谷阶段。主要是脱去稻谷的颖壳，获得纯净的糙米。其工艺流程为：净谷→垄谷→稻壳分离→谷糙分离→干净糙米。

③白米整理阶段。主要是碾去糙米表面的部分或全部表层，制成符合规定质量标准的成品米。其工艺流程为：干净糙米→碾米→厚度分级→长度分级→白米分级→色选机→抛光机→定量包装→成品。

④销售。将定量包装好的成品销售。

（6）外向化营销策略　随着我国农村经济发展和农业产业结构调优，农产品可谓是日益丰富，有些品种在本地和国内市场逐步趋于饱和，有些品种通过外销则能获得更大效益，在这种情况下，采取外向化营销策略就显得十分必要。但是，农产品要成功外销还是有很多困难的，必须严格执行有关农产品的系列化国家标准和地方标准进行生产，必须依靠农业新品种、新技术、新工艺确保农产品质量。当然，外销农产品也不是高不可攀的事，江苏省南通市通州区就有几个农民专业合作社成功把多个农产品销到了国外。首先是刘桥镇的青园、大圣、长峰、三官殿等蔬菜专业合作社，与江苏嘉安食品有限公司联手，将青花菜、青玉米、青刀豆、荷兰豆、大粒蚕豆等几十个品种通过初加工和精深加工后，远销到欧盟、美国、日本、加拿大等国家，年产值达 1 000 多万美元。其次是金沙镇水芹菜生产经营专业合作社，其"进鲜港"牌水芹菜远销到韩国，成了首尔市民餐桌上的特色蔬菜。

（7）规模化营销策略　农民专业合作社要实施规模化营销策略，关键是两个方面：首先是合作社本身扩大规模。江苏省南通市通州区东社镇新街硕丰葡萄专业合作社，起初发展 500 亩葡萄时，不少人担心产品卖不掉，结果并不是卖不掉，而是供不应求，于是又扩大了 500 亩，如今发展成了千亩葡萄生产基地，一到销售旺季，前来批发、团购的车辆络绎不绝，社员足不出户就能把产品卖出去；四安镇永发和西亭镇李庄两个蔬菜专业合作社看准市场行情，分别发展 800 亩和 1 200 亩设施大棚蔬菜，同样不存在销售问题。其次是发展横向联合。南通绿青阳蔬菜专业合作联社，将刘桥 6 个蔬菜专业合作社联合起来，大力发展出口蔬菜生产，复种面积达到两万余亩，使出口蔬菜成了该地区的主导产业，农民增收的主要来源。

（8）超市化营销策略　这里的超市化营销，指的是农超对接，即由农民专业合作社与商家签订意向性协议书，组织农户或基地生产适销对路产品，并通过简单整理、挑拣、包装后直接向超市、商场或便民店提供农产品的一种新型流通方式。农超对接的本质是将现代流通方式引向广阔农村，将千家万户的小生产与千变万化的大市场对接起来，构建市场经济条件下的产销一体化链条，既可稳定农产品销售渠道和价格，又可减少流通环节，降低流通成本，实现商家、合作社（农民）、消费者共赢。

（9）配送化营销策略　配送是指在经济合理的区域范围内，根据用户要求，对物品进行拣选、加工、包装、分割、组配等作业，并按时送达指定地点的物流活动，如送快餐就是一种最简单的配送。农产品和其他工业产品、生活用品等不同，它面对的消费对象是所有人群，在这个庞大的消费人群中，需要配送服务的一定有，而且随着时代的发展、社会的进步，人们生活方式的改变，这方面的消费潜力将不断增强，毋庸置疑，配送服务将成为农产品营销过程中的一种重要的手段。农民专业合作社实施配送化策略时可分两步走：首先，发展团体客户，如机关、学校、超市、大中型企业等；其次，发展个体客户，重点应从白领阶层中物色消费对象。

（10）网络化营销策略　网络营销是在现代网络技术的基础上发展起来的一种营销新手段和新方法，是 21 世纪市场营销发展的方向。在工业品领域大多数生产者就是网络营销的主体，但作为农产品生产者的农民却很难成为网络营销的主体，只有作为连接农民与市场的纽带——农民专业合作社，才有可能成为农产品网络营销的主体。一般来说农产品网络营销的功能主要有宣传功能、服务功能和交易功能，但由于农产品一般体积较大，在运输和储藏中容易损耗，对物流的要求比较高，且绝大部分的农民专业合作社的经济实力还十分有限，所以农产品网络营销目前还只能定位在宣传的层面上，即以推介产品、宣传品牌和信息发布与收集作为主攻目标。

农民专业合作社在营销农产品过程中，不管采取何种策略，宗旨只有一个，那就是要千方百计把农产品及农副产品变成商品，并以追求利益最大化为目标，这是农民增收的关键所在，也是合作社存在与发展的目的所在。

【思考与练习】

1. 水稻产业化经营模式有哪些？
2. 如何分析水稻的生产成本？
3. 如何做好大米市场营销策略？

主要参考文献

1. 张培江，等.水稻生产配套技术手册［M］.北京：中国农业出版社，2012.

2. 苏祖芳，等.稻作诊断［M］.上海：上海科学技术出版社，2007.

3. 车艳芳.现代水稻高产优质栽培技术［M］.石家庄：河北科学技术出版社，2014.

4. 吕文彦.粳稻品质形成基础［M］.北京：北京师范大学出版集团，2011.

5. 何旭平，等.有机稻栽培技术研究与应用.［M］.南京：东南大学出版社，2011.

6. 刘建.优质水稻高产高效栽培技术.［M］.北京：中国农业科学技术出版社，2013.

7. 王生轩，等.水稻良种选择与丰产栽培技术［M］.北京：化学工业出版社，2013.

8. 邵国军，等.北方优质稻品种及栽培［M］.北京：中国农业出版社，2014.

9. J. L. MacLean，等.水稻知识大全［M］.福州：福建科学技术出版社，2003.

10. 曹凑贵，等.低碳稻作理论［M］.北京：科学出版社，2014.

11. 谢立勇，等.北方水稻生产与气候资源利用［M］.北京：中国农业科学技术出版社，2009.

12. 姜道远，等.水稻全程机械化生产技术与装备［M］.南京：东南大学出版社，2009.